선박 적화 복원성

임남균 지음

GS인터비전

머리말

항해사에게 선박 복원성은 어렵게 느껴지지만, 실제로는 항해와 적화 업무에서 꼭 알아야 할 기초이자 중요한 실무 내용을 담고 있습니다.

저자가 2005년 대학에 와서 현재까지 강의와 관련 연구를 수행하면서 느낀 점은, 항해사가 선박 복원성의 기본을 제대로 이해했을 때 관련 업무 판단이 훨씬 명확해지고 한 차원 높은 전문적인 업무 수행이 가능해진다는 것입니다. 하지만 선박 복원성 개념에는 수학과 물리학적 장벽이 조금은 존재하기 때문에, 항해사들이 다소 까다롭게 여기는 것 같기도 합니다.

이러한 현장 문제를 조금이라도 해결하고자, 복원성의 기본 개념을 조금 더 쉽고 친근하게 설명하고, 실제 작업에서 어떻게 활용되는지를 자연스럽게 연결해 보고자 했습니다.
가능한 한 기본 개념과 일부 실무 개념에 충실하도록 내용을 구성하여 공부하는 학생들이나 실무에서 일하는 분들이 바로 활용할 수 있도록 노력하였습니다.
책의 일부 내용은 해양대학 항해관련 학부생에게 다소 어려운 전문 이론도 조금 포함하였으며, 이러한 부분은 졸업 후 실무에서 심화해 활용하거나, 더 깊은 연구 분야에 관심 있는 학생들에게 조금이라도 도움이 되기를 원하는 마음에서 담았습니다.

끝으로, 이 책의 출판에 많은 수고를 제공해 주신 GS인터비전 송기수 사장님과 편집 담당자 분들에게 감사드립니다.

2025년 12월 임남균

목차

해상운송

Chapter 1

1.1 해상운송

1.1.1 해상운송의 정의

해상운송은 해상 경로를 통해 화물과 승객을 이동시키는 운송 방식으로, 글로벌 무역과 경제 교류를 촉진하는 핵심 요소이다. 역사적으로 해상운송은 문명의 발전에 중요한 역할을 하였으며, 교역 네트워크의 확장과 경제적 번영을 가능하게 하였다.

해상운송이 발생하는 이유는 비용 효율성, 대량 화물 운송 능력, 장거리 무역에서의 효율성 때문이다. 다른 운송 방식에 비해 선박 운송은 단위당 운송 비용이 적고, 원유, 석탄, 곡물, 제조 상품과 같은 대량 화물 운송에 필수적이다. 이러한 특징으로 인해 해상운송은 전 세계 무역의 필수적인 요소로 자리 잡았으며, 특히 원자재나 대형 화물을 운송하는 데 있어서 매우 유리한 수단이 된다.

해상운송의 경제적 이점은 여러 가지가 있다. 첫째, 비용 효율성이 뛰어나다. 항공이나 철도 운송에 비해 해상운송은 단위당 비용이 적어 대규모 화물을 저렴하게 이동시킬 수 있다. 둘째, 대량 수송이 가능하다. 선박 한 척이 운송할 수 있는 화물의 양은 다른 운송 수단에 비해 압도적으로 많아서 대량 물류 처리에 적합하다. 셋째, 국제 무역 촉진에 기여한다. 국가 간 상품 교류를 원활하게 하여 글로벌 경제 성장에 중요한 역할을 한다.

최근 해상운송의 변화는 기술 발전과 환경 규제 강화에 따라 빠르게 진행되고 있다. 먼저, 초대형 컨테이너선의 확대가 두드러진다. 20,000 TEU(20피트 컨테이너 환산 단위) 이상의 초대형 컨테이너선이 증가하면서, 한 번에 더 많은 화물을 수송할 수 있어 효율성이 높아졌다. 또한, 해상운송의 디지털화가 가속화되고 있다. AI(인공지능), 블록체인, IoT(사물인터넷) 기술이 도입되면서 선박 운항과 화물 관리의 자동화가 이루어지고 있다. 마지막으로, 환경 규제 강화로 인해 친환경적인 선박 개발이 활발하다. 저탄소 연료 사용과 에너지 효율이 높은 선박이 점점 늘어나고 있으며, IMO(국제해사기구)의 환경 보호 정책에 따라 해운업계가 변화하고 있다.

대한민국은 해상운송에 대한 의존도가 매우 높다. 국제 무역의 약 99%가 해상운송을 통해 이루어지며, 이는 부산, 인천, 광양 등 주요 항만이 글로벌 물류 중심지로 자리 잡고 있는 이유이다. 이러한 높은 의존도는 대한민국이 수출 중심 경제 구조를 가지고 있으며, 해상운송이 국가 경제에 미치는 영향이 크다는 것을 의미한다. 따라서 대한민국은 지속적인 항만 인프라 개발과 해운 산업 경쟁력 강화를 통해 글로벌 물류 시장에서의 위치를 공고히 할 필요가 있다.

1.1.2 해상운송의 특징

가. 대량수송

해상운송의 가장 큰 특징 중 하나는 대량수송이 가능하다는 점이다. 선박은 다른 운송 수단에 비해 월등히 많은 화물을 한 번에 운송할 수 있다. 벌크선(Bulk Carrier)은 석탄, 철광석, 곡물 등의 원자재를 대량으로 실어나르며, 탱커선(Tanker)은 원유 및 화학제품과 같은 액체 화물을 운반한다. 또한, 컨테이너선(Container Ship)은 표준화된 컨테이너에 담긴 다양한 제조 상품을 대규모로 운송할 수 있어 글로벌 무역에서 핵심적인 역할을 한다.

<표 1-1> 대형 선박의 크기

선종	선명	길이 (m)	크기	년도
컨테이너	MSC Irina	399.9	24,346 TEUs	2023년
크루즈	Icon of the Seas	365	248,663 GT 7600 승객	2022년
탱커	TT Seawise Giant	458.45	564,763 DWT	1979년
광탄석	Berge Everest	343	391,699 DWT	2011년
벌크	MS Ore Brasi	362	402,347 DWT	2010년

나. 원거리 수송

해상운송은 장거리 수송에 매우 적합한 방식이다. 선박은 수천 킬로미터를 항해하며 전 세계 다양한 지역을 연결한다. 예를 들어, 한국에서 미국 서부까지의 거리는 약 9,000 ㎞이며, 선박으로 이동하는 데 약 10~14일이 소요된다. 이러한 장거리 운송 능력 덕분에 해상운송은 글로벌 경제에서 중요한 역할을 담당하고 있으며, 수출입 물품의 원활한 이동을 가능하게 한다.

다. 다양한 수송로

해상운송은 지구 곳곳을 연결하는 다양한 항로를 통해 운영된다. 태평양 횡단 루트는 아시아와 북미를 연결하는 핵심 경로이며, 대서양 횡단 루트는 북미와 유럽을 이어준다. 또한, 유럽과 아시아를 잇는 주요 항로로는 수에즈 운하를 경유하는 루트가 있다. 이러한 주요 수송로를 활용함으로써 전 세계적인 물류 네트워크가 형성되며, 해상운송의 효율성이 극대화된다.

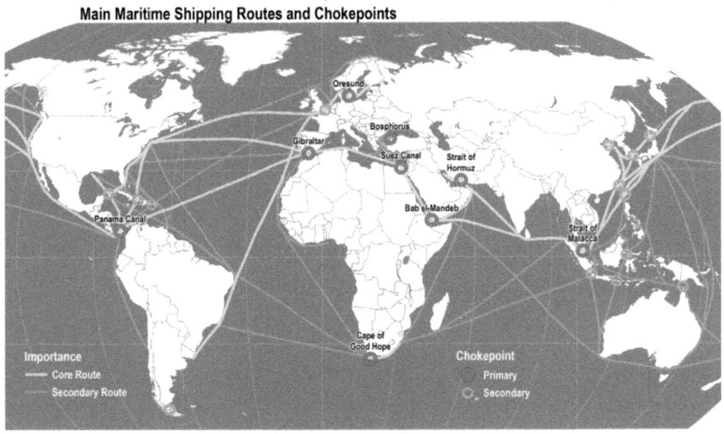

<그림1-1> 국제 해상운송로(출처: Hofstra univ.)

라. 국제성

해상운송은 본질적으로 국제적인 성격을 가진다. 선박은 여러 국가의 항구를 오가며 무역을 수행하고, 이에 따라 다양한 국제 규정과 문서가 필요하다. 국제해사기구(IMO)에서는 선박 안전, 보안, 환경 보호를 위한 규정을 마련하고 있으며, 각국은 이를 준수해야 한다. 또한, 무역 및 통관 절차를 원활히 진행하기 위해 선하증권(Bill of Lading), 화물 명세서, 신용장(Letter of Credit)과 같은 국제 무역 문서가 필수적으로 사용된다.

마. 자본집약적 산업

해상운송 산업은 자본집약적인 산업으로, 선박 건조와 유지보수에 막대한 비용이 소요된다. 선박의 크기와 용도에 따라 가격이 달라지며, 예를 들어 소형 벌크선(50,000 DWT): 2,000~3,000만 달러, 대형 원유탱커(VLCC, 300,000 DWT): 9,000~1억 2,000만 달러, 초대형 컨테이너선(20,000+ TEU): 1억 5,000만~2억 달러, LNG 선의 경우 1~2억 달러에 이르기도 한다.

해상운송 산업은 선박 가격이 높은 것뿐만 아니라, 선박에 실리는 화물의 가치도 상당히 크다는 특징이 있다. 예를 들어, 초대형 원유운반선(VLCC)은 일반적으로 약 200만 배럴의 원유를 운송할 수 있으며, 배럴당 80달러로 가정하면 총 화물 가치는 약 1억 6,000만 달러에 달한다. 또한, 200,000 DWT급 벌크선은 철광석과 같은 원자재를 대량으로 실어 나르는데, 철광석 가격이 톤당 약 100달러일 경우 총 화물 가치는 2억 달러 수준이 된다. 20,000 TEU

컨테이너선의 경우 컨테이너당 평균 화물 가치가 약 50,000달러로 추정되며, 전체 선박에 실리는 화물 가치는 약 10억 달러에 이를 수 있다. 이처럼 해상운송은 선박 자체뿐만 아니라 그 안에 실린 화물 가치까지 고려할 때 매우 높은 자본이 투입되는 산업이라 할 수 있다.

<표1-2> 선박의 가격

선종	크기	가격(백만 달러)
Bulk	~ 38,000 DWT	약 30
	~ 180,000 DWT	약 50-60
컨테이너	~ 22,000 TEU	약 200
탱커	~ 115,000 DWT	약 60-70
	~ 300,000 DWT	약 110-130
LNG	~ 174 K	약 240-250

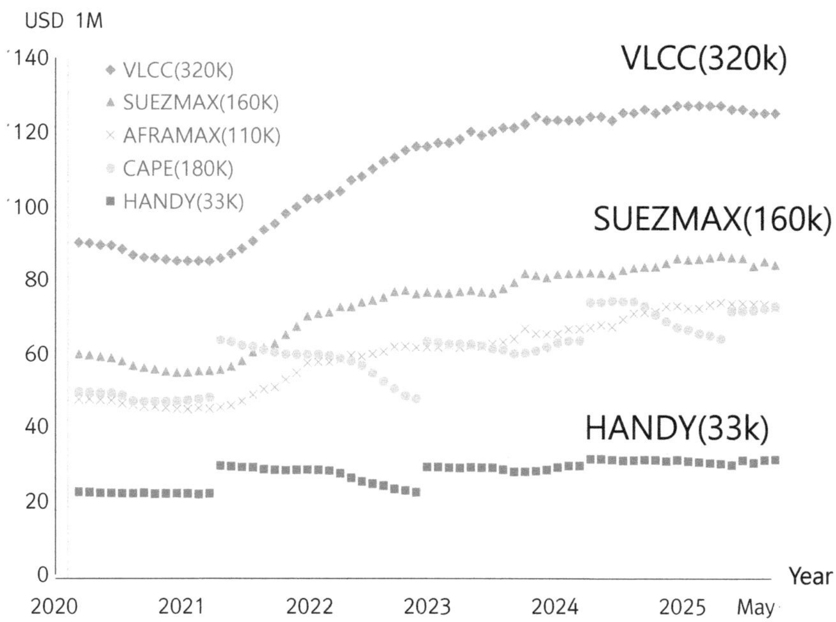

<그림 1-2> 선박의 가격(데이터출처: 한국해양진흥공사)

1.1.3 해상운송분류

1.1.3.1 정기선 해운(Liner Service)

정기선 해운은 일정한 항로에서 정해진 일정과 사전에 공지된 운임(운임표, tariff)에 따라 화물을 운송하는 해운 서비스를 의미한다. 이 서비스의 가장 큰 특징은 운송 일정과 운임이 사전에 정해져 있어 안정적이고 예측 가능한 운송이 가능하다는 점이다. 정기선 해운은 정해진 스케줄에 따라 규칙적으로 운항하며, 선사들은 지속적으로 화물을 확보하기 위해 집화 활동을 수행한다. 이는 일정한 운송 수요를 유지하고, 안정적인 서비스를 제공하기 위한 필수적인 과정이다.

또한, 정기선 해운이 지속적으로 운영되기 위해서는 일정 규모 이상의 선대를 유지하는 것이 중요하다. 일정한 운항 스케줄을 유지하기 위해서는 다양한 항로에서 선박이 운영되어야 하며, 이를 위해 개별 선사가 단독으로 운영하기보다는 해운동맹(shipping alliance)을 형성하여 협력하는 경우가 많다. 해운동맹이란 여러 선사들이 협력하여 운항 스케줄을 공유하고, 공동 운항을 통해 비용을 절감하며, 서비스의 효율성을 높이는 전략적 협력 관계를 의미한다. 해운동맹은 각 선사의 요구에 따라 몇 년마다 한 번씩 재편이 된다. 이러한 해운동맹이 해운 비용에 미치는 영향은 아래와 같다.

▷ 효율성 증대
새로운 동맹들은 자원을 통합하고 선대를 공유함으로써 선복량을 최적화하고 운영 비용을 절감하는 것을 목표로 한다. 이는 보다 효율적인 운영을 가능하게 하며, 결과적으로 해운 비용을 낮출 가능성이 있다.

▷ 서비스 빈도 및 신뢰성 향상
아시아-유럽 및 태평양 횡단 노선과 같은 주요 항로에서 서비스 빈도와 신뢰성이 향상될 것으로 예상된다. 이는 지연을 줄이고 공급망 예측 가능성을 높이는 데 기여할 수 있으며, 궁극적으로 해운 비용을 안정화하는 데 도움이 될 수 있다.

▷ 경쟁적인 가격 형성
2M 동맹(머스크와 MSC의 해운 동맹)의 해체와 Gemini 및 Premier와 같은 새로운 동맹의 형성으로 인해 선사 간 경쟁이 심화될 것으로 보인다. 이러한 경쟁은 시장 점유율 확보를 위한 운임 인하 압력으로 이어져, 해운 비용이 적어질 가능성이 있다.

▷ 연료 및 환경 비용
많은 새로운 동맹들은 탈탄소화 및 지속 가능한 해운 관행에 초점을 맞추고 있다. 이는 환경적으로 긍정적인 변화이지만, 친환경 기술 도입을 위한 초기 투자가 필요하다. 이러한 비용은 단기적으로 상승할 수 있으며, 고객에게 일부 전가될 가능성이 있다.

이러한 정기선 해운은 주로 컨테이너선을 이용하여 다양한 잡화(general cargo)를 운송하는 것이 일반적이며, 글로벌 물류 흐름에서 중요한 역할을 한다. 특히, 컨테이너선은 대량 화물을 효율적으로 운송할 수 있는 방식으로, 국제 무역에서 필수적인 운송 수단으로 자리 잡았다. 전 세계적으로 정기선 해운을 운영하는 주요 컨테이너 선사들이 존재하며, 그중에서도 MSC, Maersk, CMA CGM group 등은 세계1~3위에 해당하는 선사들로 시장 점유율이 높은 대표적인 기업들이다.

2025년 기준으로 전 세계 컨테이너 선복량(TEU, Twenty-foot Equivalent Unit)은 약 3,000만 TEU로 추산되며, 해운 산업에서 정기선 해운이 차지하는 비중은 더욱 확대될 것으로 예상된다. 해운동맹을 통해 정기선 해운의 경쟁력이 강화되고 있으며, 이를 통해 글로벌 물류 네트워크의 효율성이 증가하고 있다.

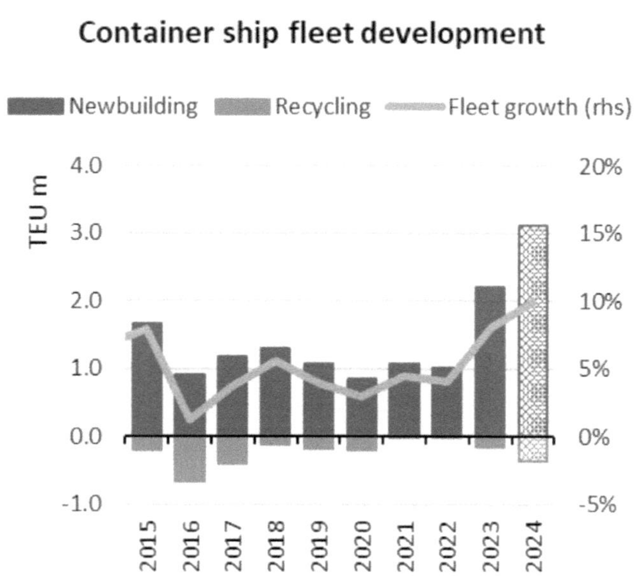

<그림 1-3> 2025년 전세계 TEU 선복량(출처:BIMCO)

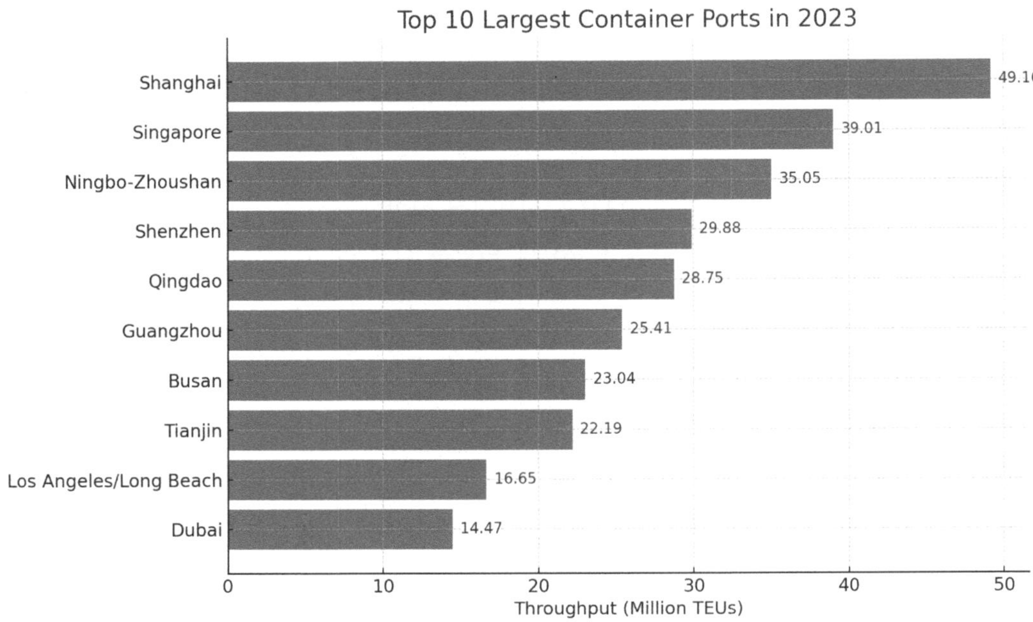

<그림 1-4> 세계 10대 컨테이너 항만(2023년, source Port of Antwerp)

Rank	Operator	Teu	Share	Existing fleet / Orderbook
1	Mediterranean Shg Co	6,564,265	20.5%	
2	Maersk	4,579,514	14.3%	
3	CMA CGM Group	3,919,015	12.2%	
4	COSCO Group	3,355,637	10.5%	
5	Hapag-Lloyd	2,378,203	7.4%	
6	ONE (Ocean Network Express)	2,036,867	6.4%	
7	Evergreen Line	1,813,249	5.7%	
8	HMM Co Ltd	937,728	2.9%	
9	Zim	773,149	2.4%	
10	Yang Ming Marine Transport Corp.	711,393	2.2%	

<그림 1-5> 2025 World top 10 container company(출처: Alphaline.com)

<표 1-3> 2025년 Shipping Alliances

Shipping Alliances	Members
1. Ocean Alliance	CMA CGM, COSCO SHIPPING, OOCL, EVERGREEN
2. GEMIN	MAERSK, Hapag-Lloyd
3. The Premier Alliance	HMM, ONE OCEAN NETWORK EXPRESS, YANG MING
4. Independents	msc, ZIM, WAN HAI, PIL, SITC

1.1.3.2 부정기선 해운

부정기선 해운은 정기적인 항로와 일정이 정해져 있는 정기선 해운과 달리, 특정한 항로나 기항지가 정해져 있지 않고 운송계약(Charter Party)을 기반으로 운항하는 해운 서비스를 의미한다. 즉, 운임, 항로, 일정 등이 사전에 정해진 것이 아니라, 화물의 특성과 운송 조건에 따라 개별 계약을 체결하여 운항이 이루어진다. 이러한 특성으로 인해 부정기선 해운은 유연성이 뛰어나며, 특정 시점의 시장 수요에 따라 운송 조건이 결정되는 구조를 가진다.

여기서, 운송계약(Charter Party)은 선박을 일정 기간 또는 특정한 항해 동안 임대하여 화물을 운송하는 계약을 의미한다. 즉, 선주(선박 소유자)와 용선자(화주 또는 운송업체) 간의 합의에 따라 선박을 빌려 화물을 운송하는 계약이 체결되며, 계약의 조건에 따라 운임, 운송 일정, 항로, 책임 범위 등이 정해진다.

부정기선 해운에서 운송계약을 체결하는 과정에서는 용선 주선인(chartering broker)이 중요한 역할을 한다. 용선 주선인은 선주와 화주 간의 계약을 중개하여 운송 계약이 원활하게 이루어지도록 지원하며, 시장 상황에 따라 적절한 운임과 운송 조건을 조정하는 역할을 수행한다. 용선 계약에는 다양한 방식이 존재하며, 계약 조건에 따라 운송 방식과 비용이 결정된다.

부정기선 해운의 가장 큰 특징은 일정한 노선 없이 화물 수요에 따라 유동적으로 운항된다는 점이다. 정기선 해운이 정해진 스케줄에 맞춰 운영되는 것과 달리, 부정기선 해운은 특정한 화물이 발생하는 시점과 장소에 따라 운항 계획이 결정된다. 이러한 이유로, 부정기선 해운은 주로 대량 화물(bulk cargo) 운송에 사용되며, 대표적인 화물로는 곡물(grain), 광탄선(ore & coal carrier), 유류(oil & petroleum products) 등이 있다.

부정기선 해운은 운항의 유연성 덕분에 대량 화물을 한 번에 운송하는 데 최적화되어 있으며, 국제 원자재 무역에서 중요한 역할을 담당하고 있다. 또한, 시장 상황에 따라 운임이 변동될 수 있어 경제적 요인에 따라 계약 조건이 유동적으로 조정된다. 부정기선 해운과 정기선 해운은 각각 다른 특성을 가지며, 해운 산업에서 상호 보완적인 역할을 수행하고 있다.

부정기선 해운은 다양한 경제 및 무역 환경에 따라 운송 방식이 달라지며, 이에 대한 분석을 통해 해운 시장의 흐름을 파악할 수 있다.

<표 1-4> 정기선 해운 vs 부정기선 해운

항목	Liner Service	Tramp Service
운항방식	정해진 항로, 일정한 스케쥴	운송계약(C/P)에 따라 유동적
운임	고정 운임표 (Tariff) 기준	계약별 협상운임 (Negotiated rate)
운항일정	정기적, 사전에 공지됨	화물 계약에 따라 결정
운항노선	고정 노선	계약에 따라 수시 변경 가능
주요화물	일반 화물, 컨테이너 화물	벌크화물, 유류, 원자재 등
특징	서비스 안정성, 예측 가능	시장상황에 따른 유연성 대량 화물에 적합
기타	해운동맹	용선주선인

1.2 운송계약(Contract of Affreightment)

운송계약은 운송인이 화주(또는 송하인)와 체결하는 계약으로, 특정한 화물을 특정한 목적지까지 선박을 이용하여 운송할 것을 약정하는 계약이다. 이 계약은 컨테이너 화물과 같은 개별 화물 운송 계약(Bill of Lading 등)과 다량의 벌크 화물에 주로 적용되는 용선계약(Charter Party)을 포괄하는 개념으로 볼 수 있다. 운송계약은 해상운송뿐만 아니라 항공, 철도, 도로 운송에서도 널리 사용되며, 계약의 성격에 따라 화물 운송의 책임, 비용, 손해배상 범위 등이 달라진다. 통상 운송계약의 종류는 선박의 전부, 또는 일부를 물건의 운송에 제공함을 목적으로 하는 용선계약과 다수의 화주로부터 소량 화물의 운송을 의뢰받아 운송하는 개품운송계약의 두 가지로 나누어진다.

1.2.1 개품운송계약(Affreightment in a general ship)

개품운송계약이란 선사가 특정 화물을 운송해주는 계약을 의미하며, 일반적으로 개별 화주와 선사 간에 이루어진다. 이 계약은 선박 전체가 아닌 특정 화물(개별 화물, Liner Cargo 또는 General Cargo)을 운송하는 것을 목적으로 하며, 화주가 제공한 화물을 선박의 일부 공간을 이용해 운송하는 방식이다. 개품운송계약은 정기선 서비스(Liner Service)에서 주로 사용되며, 선사는 일정한 항로와 일정한 운항 일정을 유지하면서 다수의 화주로부터 화물을 수탁하여 운송한다.

이러한 계약은 주로 선하증권(Bill of Lading, B/L)을 통해 법적 효력을 가지며, 운송인의 의무, 화주의 책임, 운송 중 화물의 손상 또는 분실에 대한 책임 범위 등을 규정한다. 개품운송계약은 국제 무역에서 필수적인 요소이며, 해상운송의 법적, 경제적 구조를 이해하는 데 중요한 개념이다.

용선계약(Charter Party)과 비교하여 가장 큰 차이점은 개품운송계약은 선사가 주도적으로 운항을 관리하고 여러 화주의 화물을 함께 운송하는 반면, 용선계약은 화주(용선자)가 선박을 빌려 직접 화물을 운송할 수 있다는 점이다. 따라서 개품운송계약은 단기적이며 표준화된 운송 서비스에 적합하고, 용선계약은 대량 화물을 장거리로 운송하는 경우에 유리하다.

개품운송계약에는 다양한 이해관계자가 존재하며, 각각의 역할과 책임이 명확히 구분된다.

▷ 화주(Shipper)

화주는 운송 계약을 체결하고 자신의 화물을 운송인에게 위탁하는 주체이다. 화주는 화물의 정확한 정보(중량, 크기, 성질 등)를 제공하고, 적절한 포장과 서류를 준비해야 한다. 또한, 운송료(Freight)를 지불할 의무가 있으며, 화물이 목적지까지 안전하게 도착하도록 운송인과 협력해야 한다.

▷ 운송인(Carrier)
운송인은 화물을 목적지까지 안전하게 운송할 책임을 지는 주체이다. 운송인은 정해진 일정에 따라 선박을 운영하며, 선하증권(B/L)을 발행하여 화물의 운송을 보증한다. 국제 해상운송법(예: 헤이그-비스비 규칙, 함부르크 규칙)에 따라 운송 중 발생한 손해에 대해 일정 범위 내에서 책임을 부담한다.

▷ 선주(Shipowner)
선주는 선박을 소유하고 운영하는 주체로, 운송인이 선주와 동일한 경우도 있지만, 때때로 운송인이 선박을 용선하여 운항하는 경우도 있다. 선주는 선박의 유지보수, 선원 관리, 운항의 안전성을 책임진다.

▷ 수하인(Consignee)
수하인은 운송된 화물을 최종적으로 수령하는 주체이며, 계약상 화주의 지시에 따라 선하증권에 기재된 수하인(Consignee)에게 화물이 인도된다. 수하인은 운송 서류를 통해 화물을 확인하고, 적절한 클레임을 제기할 수 있는 권리를 가진다.

이 외에도 해운 중개인(Freight Forwarder), 보험사(Insurer), 항만 당국(Port Authority) 등 다양한 이해관계자가 해상운송계약에 개입하며, 이들은 계약의 원활한 이행을 지원하는 역할을 한다.

1.2.2 용선계약

주로 대량화물을 부정기선으로 운송하는 경우에 선박회사와 용선자가 체결하는 계약으로, 'charter party'의 머리글자를 따서 C/P라고도 한다. 선박 전체를 빌리는 전체용선계약(whole charter)과 일부만을 빌리는 일부용선계약(partial charter)이 있으며, 계약 형태에 따라서 항해용선계약(voyage charter)과 정기용선계약(time charter), 선체용선계약(bareboat charter, 나용선계약 또는 선박임대차계약이라고도 함) 등으로 나뉜다.

1.2.2.1 항해용선계약(voyage charter)

(1) 의미
항해용선계약(Voyage Charter)은 용선자(Charter)가 선박의 화물 공간을 임대하는 조건으로 비용을 지불하는 형태의 운송계약을 의미한다. 이 계약에서 선주는 선박의 항해 운용에 관한 제반 비용을 부담하며, 항만 및 하역 비용은 협약조건에 따라 결정되기도 한다. 운임(Freight)은 대체로 통당 화물량에 의해 결정되거나 적재 화물량에 상관없이 선복량에 의해 결정되기도 한다. 모든 계약 조건은 용선계약서(Charter Party)에 명시되어 결정된다.

특정 항해 구간을 정하여 선박을 대여 또는 차용하는 계약 형태가 되며, 일정기간을 정하여 용선하는 기간용선(Time Charter)과 비교되는 개념이다. 항로용선계약(trip charter)이라고도 하며, 보통 한 항차 간혹 수 항차 단위로 계약을 하며, 선주는 화주에게 운임조건만을 수취하고 그 외 일체를 비용을 부담하는 것이 일반적이다.

적하량에 관계없이 일정한 선복을 계약하고 운임도 포괄적으로 약정하는 선복운임을 적용하는 선복용선계약(lump-sum charter)이라 하며, 화물을 선적한 날로부터 양륙할 때까지의 날짜를 하루당 얼마로 선복을 임대하는 계약은 일대용선계약(daily charter)이라 한다.

(2) 주요 계약서 용어

정박허용기간(Laytime, Laydays)

항해용선계약에서 화물의 선적 및 하역에 허용된 정박기간을 의미한다. 통상 일수(days) 또는 시간 단위로 기재되거나, 혹은 하루당 톤수로도 기재된다. 계약서 상에는 선장이 Notice of Readiness를 통보(tender)한 후 특정 시간 이후 개시된다고 규정하고 있으며, 악천 후, 휴일과 같은 경우 정박기간이 산정되지 않으며, 정박기간이 초과되면 체선료가 지불되고, 정박기간이 모두 사용되지 않으며 조출료 등이 지불되는 규정 등이 포함되어 있다.

체선료(Demurrage)

용선 계약상에 허용된 정박기간 이내에 선적 및 하역을 완료하지 못하여 용선자가 선주에게 지불해야 하는 대금을 의미한다. 통상 하루당 얼마로 산정된다. 체선료가 지불되는 상황이 되면 그 선박은 “on demurrage"라도 표현된다. 체선료 지급 상황이 되면, 주말과 같은 예외기간을 정박기간 계산에서 공제하지 않는다. 이러한 경우를 “once on demurrage, always on demurrage”라 표현한다.

조출료(Despatch or Despatch Money)

선주가 용선자, 송화인(화주) 또는 수화인에게 지급하는 금액을 말하며, 계약상 허용된 정박기간 보다 빨리 하역 및 선적을 완료한 경우, 선주가 용선자에게 지불할 수 있는 대금을 의미한다. 통상 체선료의 50% 정도 대금으로 책정하나 계약에 따라 정해진다.

선적/하역 준비완료 통지서(N/R – Notice of Readiness)

항해용선계약에서는 선장은 항구에 도착하여 선적 및 하역의 준비가 완료되었음을 용선자에게 통보하여야 한다. 본선이 화물을 선적 또는 양하할 준비가 되었음을 용선자(화물 소유자)에게 공식적으로 알리는 문서를 N/R이라 부른다.

N/R이 통보되며, 통보 된 후 정박기간이 개시되는 규정을 세부적으로 규정하고 있다. 일반적으로 N/R이 오전에 통보되면 오후, 오후에 통보되면 다음 날 아침에 정박기간(Laytime)이 개시되도록 규정하고 있다.

정박기간 산정 체선료 조출료 산정에 근거가 되는 중요 서류이다. 본선 선장은 용선자에게 통상 서류를 발송하며 지정 장소에 도착시간, 화물 정보 등을 기재한다.

선적준비완료통지기간 (Laycan, L/C, Laydays/Laytime Canceling)

선장이 선적항에 도착하여 N/R을 통보하면서 선적 준비가 완료되었음을 통보해야 하는 기간을 의미한다. 통상 2개의 특정 날짜를 언급하여 명시하며, (예를 들면 laydays 1 May cancelling 15 May, 혹은 laycan 1 May/15 May) 이런 경우 용선자는 첫 번째 언급된 날짜보다 선박이 빨리 도착하였다 하더라도, 선적을 개시할 의무가 없으며, 두 번째 언급한 날짜보다 선박이 늦게 도착한다면, 용선을 취소할 권리를 갖게 된다. 즉 Laycan 기간 이전에 도착하면 용선자는 선적을 시작할 의무가 없고, Cancelling date 이후에 도착하면 계약을 취소할 수도 있다.

따라서 본선은 선박이 선적항에 도착하면 즉시 이 서류를 제출해야 한다.

9. Cancelling Clause

(a) Should the Vessel not be ready to load (whether in berth or not) on the cancelling date indicated in Box 21, the Charterers shall have the option of cancelling this Charter Party.

<그림 1-6> GENCON 1994 - Clause 9: Cancelling Clause

Lump Sum Charter (선복 용선)

항해용선계약에서 화물 단위로 운임을 산정하지 않고, Lump Sum(일괄 금액)으로 운임을 산정하는 계약을 선복 용선 계약이라 한다. 선주는 일정량의 화물량을 운반할 것을 보증하며, 용선자는 실제 운송한 양과 상관없이 미리 정해진 일정 운임을 지불하는 형태이다.

Notice of Readiness

Attention: Mokpo Chartering Co., Ltd., Mokpo Coal Terminal Ltd., Hanil Shipping Agency

This is to notify that M.V. *Pacific Horizon*, under my command, arrived at Mokpo Port at 1800 LT on 12/Mar/2025 and she has been in all respects ready to load 50,000 MT of anthracite coal as per the governing charter party.
This notice will be without prejudice to the effect of other notices of readiness I tendered previously for the captioned voyage.

Please notify all parties concerned and take immediate action for the arrangement of loading in due.

Yours faithfully,
Capt. Edward Kim
Master of M.V. *Pacific Horizon*

<그림 1-7> Notice of Readiness

1.2.2.2 정기용선계약(Time Charter)

(1) 의미

정기용선계약이란, 항해용선계약과 달리, 특정 기간 동안 선박을 임차하는 계약을 의미한다. 이 계약에서는 선주는 선박, 승무원, 장비에 대한 책임을 지며, 용선자는 용선료(charterage)를 지불한다. 계약조건에 따라 용선자는 운송 화물의 종류 및 양 그리고 적양하 항만을 결정할 수 있다. 선주는 선박의 선체, 기관, 속구 등을 항해 가능 상태로 유지할 의무가 있으며, 선원비, 보험료, 수리비, 선용소모품등 선비를 부담한다. 이에 반하여 용선자는 선박 연료(bunker), 화물비, 청수비, 항해에 따른 각종 비용인 항만비, 도선료, 예선료, 선박 대리점 비용 등을 부담해야 한다. 선주는 노무조직유지, 용선 후 선박 정비에 유리한 환경을 유지하며, 용선자는 노무관련 업무에 해방되며, 선복 수요에 따른 대처에 유리하다.

(2) 계약서 용어

Deadweight tonnage (중량톤)

용선료(Charterage)의 산정시 사용되는 기준량이며, 선박이 순수하게 화물을 수송할 수 있는 능력의 척도를 나타낸다. 하기 만재시 흘수시 톤수에서 경하 배수량을 제외한 톤수이며, 선박이 건조될 때 조선소에서 결정된다.

항행구역(Trade Limit)

용선 시 항해 가능한 구역이 명시되는데, 항해 가능한 구역을 의미한다.

용선 정지 기간(Off-hire)

선주 측의 책임에 의한 사고 이유로 선박이 24시간 이상 불가동 되었을 때, 그 기간분을 용선료에서 제외하게 되는데 그 기간을 의미하며, 선체, 기관고장, 본선의 수리, 검사, 입거, 해난 사고 등의 기간이 포함된다.

재용선(sub-charter)

재용선계약으로 선박을 사용하는 용선자가 다시 제2의 용선계약을 체결하는 것을 의미한다.

용선료(Hire or Hire Money)

정기 용선계약에서 용선자가 선주에게 선박의 임대에 대한 대가로 지불하는 용선대금을 의미한다. 통상 하루 당 얼마로 산정되며, 매월 혹은 정해진 간격으로 미리 지불되는 형태를 취한다. 이 대금은 정해진 시간에 지불되어야 하며, 선주는 대금 지불이 지체되면, 용선 계약을 취소할 수도 있다.

선박인도지정기간(Laycan or L/C - Laydays Canceling)

선박이 계약 이행을 시작해야 하는 허용 기간으로, 이 기간 내에 선박이 인도(delivery)되어야 하는 기간을 명기하고 있다. 만약 이 기간이 지나면 용선자는 계약 취소(cancellation)를 할 수 있다.

예) Delivery shall be made between August 20th and August 25th, 2025, at Busan Port, Korea. Should the vessel not be delivered by 1600 hours on August 25th, Charterers shall have the option to cancel this Charter Party.

1.2.2.3 나용선 계약(Bareboat Charter)

보통의 용선은 선장, 선원 등의 필요 인원, 선박장비 기타의 선박용품을 구비하여 항해에 지장이 없는 상태에서 선박을 제공하나, 나용선(Bareboat Charter)의 경우 선원 확보, 선박용품을 모두 용선자가 준비하고 본인이 고용한 선장을 통하여 선박을 인수하여 운항을 관리한다. 따라서 나용선은 실질적으로 선박의 임대차가 된다. 여기서 'Bare'란 의미는 선박에 부속되는 각종 인원, 장비 등이 '없이' 오로지 배 자체만 빌린다는 의미를 갖고 있다.

정기용선의 경우는 전체 배를 빌리는 것이라면 나용선계약은 일정기간동안 배의 일부(선원 등)를 빌리는 것입니다. 선원 고용등의 업무도 용선자가 수행해야 한다. 용선자는 선박만 임대하고 선원, 운영, 보험 및 유지보수까지 책임지게 된다.

1.2.3 관련 용어

○ 선박중개수수료(Brokerage)

중개 수수료란 선박 소유자가 선박 중개인에게 지불하는 수수료를 의미한다. 이는 용선계약 체결을 성공적으로 중개한 대가로 지급되며, 일반적으로 운임(freight) 또는 용선료(hire)와 체선료(demurrage)의 일정 비율(%)로 산정된다. 항해 또는 계약 기간이 완전히 이행되지 않은 경우, 용선계약(Charter Party)의 조건에 따라 수수료가 지급 여부가 결정된다.

○ 선박중개인(Shipbroker)

선박 중개인(shipbroker)은 용선자 혹은 선주를 대리하여 선박 용선계약을 협상하는 중개인을 통상 의미한다. 또한 선박 매도 등 선박 운항 및 화물 유치관련 활동의 대리자로 협상하는 사람 역시 선박 중개인으로 호칭된다.

○ 해운거래소(Shipping Exchange)

해운거래소(Shipping Exchange)는 선박 용선, 해상 운임, 해운 파생상품 등 해운 관련 거래와 정보를 제공하는 공간이다. 해운 시장의 투명성과 효율성을 높이며, 선주, 용선자, 브로커, 투자자 등 다양한 이해관계자들이 시장 정보를 공유하고 거래를 수행할 수 있도록 한다. 세계 주요 해운거래소는 상하이해운거래소 (Shanghai Shipping Exchange, SSE), 발틱거래소(Baltic Exchange), 뉴욕해운거래소 (New York Shipping Exchange, NYSHEX) 등이 있다. 최근에는 온라인상의 플랫폼 형태도 존재한다.

○ BIMCO(Baltic and International Maritime Council)

발틱 및 국제해사위원회(BIMCO)는 선주의 이익을 증진할 목적으로 만들어진 세계 최대의 해운 관련 국제 민간 기구로서, 1905년 덴마크에서 설립된 100개국이 넘는 회원을 지닌 선주, 용선자, 중개인 등의 비정부기구 조직이다. 많은 선박 용선관련 표준계약서 개발하거나 선박 운항관련 비정부 국제 활동을 한다.

○ GENCON(항해용선 표준 계약서)

GENCON은 세계 최대의 해운 관련 국제 민간 기구인 BIMCO(Baltic and International Maritime Council)가 발행한 가장 널리 사용되는 항해용선계약서(Voyage Charter Party) 표준 양식이다. 최신버전은 GENCON 2022으로 개정되었다.

○ NYPE(정기용선 표준 계약서)

건화물(dry cargo) 해운 시장에서 가장 널리 사용되는 표준 정기용선계약서로서, BIMCO에서 발행한 정기 용선 표준 계약서의 하나이다. 선주와 용선자 간의 권리와 의무를 명확히 규정하고 있다. 최신버전은 NYPE 2015이다.

○ 선복(Space / Deadweight)

선박이 적재할 수 있는 화물의 최대 중량(capacity)을 의미하며, 일반적으로 DWT(Deadweight Tonnage) 단위로 표시된다. 이를 바탕으로 운임 계약 시 선복의 크기에 따라 운송량과 요금이 결정된다.

○ 운임지수(Freight Index)

해운 시장의 운임 수준을 수치화한 지표로, 대표적으로 Baltic Dry Index(BDI) 가 있다. 선박 수요와 공급의 변화에 따라 이 운임지수는 변동하며, 시장 동향 분석과 투자 판단에 활용된다.

○ SCFI(Shanghai Containerized Freight Index)

중국 상하이 항에서 출발하는 컨테이너선의 주요 항로 운임 수준을 나타내는 대표 지수로서, 미국, 유럽, 중동, 호주 등 13개 항로의 운임을 집계하며, 컨테이너 해운 시장의 대표적 기준 지수로 전 세계에서 참고되고 있다.

○ INTERTANKO

국제 독립 유조선 선주 협회(the International Association of Independent Tanker Owners)는 1970년부터 활동해 온 독립 유조선 선주들의 이익을 대변하는 무역 협회이다. 국가, 지역, 국제적 수준에서 회원사의 입장을 대표하며, 전 세계 에너지 네트워크를 안전하고 효율적이며 환경 친화적으로 지원하는 해상 운송 산업의 가치를 강조하고 있다.

○ 한국해운협회

한국해운협회는 1954년 사단법인 대한선주협회로 출발 창립된 단체로, 외항해운산업에 종사하는 회원사들의 공동 이익과 친목 도모를 바탕으로, 국가 해운 정책에 부응하고 해운산업의 경제적·사회적 위상 향상과 국제적 활동 촉진, 건전한 발전을 목표로 설립된 민간단체이다. 단순한 기업 연합이 아니라, 정책 제안·법제도 개선·국제 협력·시장 분석 등 해운산업의 발전을 선도하는 전략적 중심 기관으로 역할을 수행하고 있다. 중점 추진 사업으로는 해운법령 및 제도개선, 정책개발, 선원수급 개선 협력 등이다.

1.2.4 선박화물운송절차

국제 화물 운송 절차는 다양한 관계자와 선박 간의 상호작용을 통해 진행된다. 이 과정에서 선박은 화물을 보내는 송화인과 화물을 받는 수화인 사이에서 운송 매개체로서의 역할을 수행하게 된다. 선적 과정에서는 여러 단계의 절차가 요구되며, 이에 따라 다양한 서류가 작성되고 상호 교환된다. 본 절에서는 이러한 운송 절차를 순차적으로 살펴본다.

1.2.4.1 수출화물 선적절차

(1) 계약

수출 계약은 수출업자와 수입업자 사이에 성립되며, 수입업자가 거래 제시(Inquiry)에 의한 수출업자의 청약(offer)과 그에 대한 수입업자의 수락(acceptance)에 의하거나, 수입업자의 상품 주문(order)에 의한 수출업자의 그에 대한 수주(acknowledgement)에 의하여 이루어지게 된다. 청약(Offer)이란, 계약 성립을 위한 의사표시로서 가격, 선적, 대금 결제 등 일정 조건으로 상품을 팔거나 사겠다는 의사표시이며, 승낙(Acceptance)이란, 오퍼에 따라 그 오퍼의 내용대로 계약을 성립시키겠다는 뜻을 표현한 것이다.

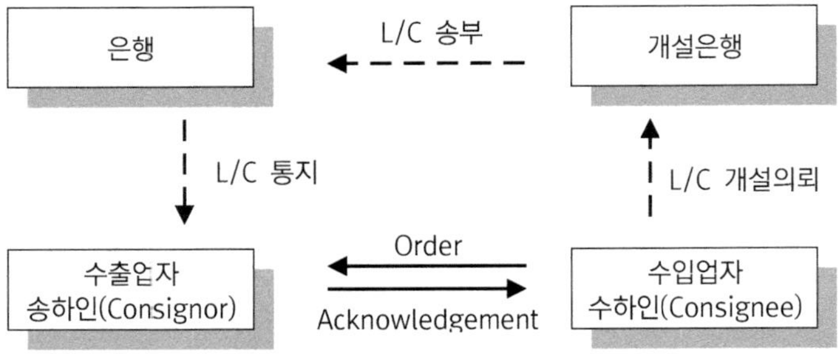

<그림 1-8> 계약 흐름

(2) 신용장(letter of credit: L/C)

수입자를 개설 의뢰인으로 하고 수출업자를 수혜자로 하여 수입자의 개설은행이 수입자의 요청과 지시에 따라 수출업체 또는 그 지시인으로 하여금 신용장에 명시된 제반조건과 일치하는 운송 서류를 제시하는 경우, 대금을 틀림없이 지급할 것을 약속하는 증서인 신용장(letter of credit: L/C)이 개설된다.

신용장은 수입업자(상품 대금 지불자)가 수출업자(대금 수혜자)를 대상으로 신용장에 명시된 제반 조건에 일치하는 서류를 제출하면 해당 상품의 대금을 지급을 보증하는 증서의 성격을 갖는다.

국제 무역에서는 신용상태를 상호 신뢰하기 불안하기 때문에 이러한 제도를 통하여 쌍방이 안심하고 무역거래를 수행할 수 있다. 수출업자는 신용장이 도착하면 안심하고 화물을 배송하고, 수입상의 입장에서는 미리 대금지급을 할 경우의 위험 부담을 덜 수 있어서 좋다. 신용장에는 통상 개설은행, 개설일자, 신용장의 종류, 유효기일 및 장소, 개설의뢰인, 수익자, 통지은행, 신용장금액, 물품명세 등과 같은 사항이 기입된다.

(3) 선적 예약 및 통관업무

정기선의 경우 화물의 집화가 영업의 시작이라고 할 수 있다. 선주는 지점, 대리점 등을 통하여 집화 활동을 한다. 선적 예약을 위하여 LCL(Less than container load) 화물의 경우 운송 주선인을 이용하기도 하지만, FCL(Full Container Load) 화물은 통상 수출 업자가 운송회사에 선적 의뢰서 (shipping request: S/R)를 통하여 화물 운송을 신청한다. 수출업자는 상품 수송을 위한 선복(ship's space)을 수배하기 위하여 선박회사에 선적스케줄을 요청하고, 적정 선박을 선택하고 선복사용을 신청한다. 선복요청은 통상 선박회사에서 정한 표준서식의 선적의뢰서(Shipping Request: S/R)를 이용한다.

수출 업자는 선적 계약을 의뢰하기 위하여 다양한 서류를 준비하는데, 포장 명세서(Packing List: P/L), 상업 송장(Commercial Invoice; C/I), 보험 증권(Insurance Policy, I/P), 검수 검량 증명서(Certificate of Measurement and Weight) 등이 있다. 선적 예약이 되면, 선사는 화물 예약 목록(Booking List)를 작성하여 본선 및 화주에게 송부하는데, 이 서류는 특정 항해 구간의 예약된 화물의 목록을 담고 있으며, 선박의 항해 항구마다 화물 예약 담당을 맡고 있는 담당자에 의해 작성된다. 특별한 사유로 선적을 취소해야 할 경우 이를 늦게 통보하면, 선박회사로부터 취소에 따른 손해배상 차원에서 일정 금액의 부적운임(dead freight)이 청구될 수도 있으니 주의가 필요하다.

화물이 최종 선적되어 수출이 되기 위해서는 수출통관(Export Customs Clearance)을 거쳐야 한다. 수출품에 대하여 관세법에 의하여 관세를 징수하고, 외환을 관리하고, 외국과의 거래에 대한 허가, 승인 등을 확인하는 절차를 의미한다. 세관장은 수출신고사항을 확인하여 일정한 요건을 갖추었을 때 수출신고인에게 수출면허를 허용한다. 수출신고는 화주(수출업자), 관세사, 통관법인, 관세사법인의 명의로 하며, 이를 통하여, 수출신고가 완료된 이후에 세관이 수출자에게 물품이 수출됨을 증명하는 수출신고필증(Export Permit)이 발급된다. 수출물품을 본선에 선적하기 위해서는 반드시 수출신고필증이 요구된다. 최근에는 수출자동통관제도를 이용하여, 수출신고인이 전자문서로 작성된 신고서를 전산으로 수출통관시스템에 입력하면 자동으로 수리하는 제도인 수출 자동통관제도가 실시되고 있다. EDI(Electronic Data Interchange) 방식 및 인터넷 방식을 통해 수출물품을 간단하고 신속하게 통관하고 있다.

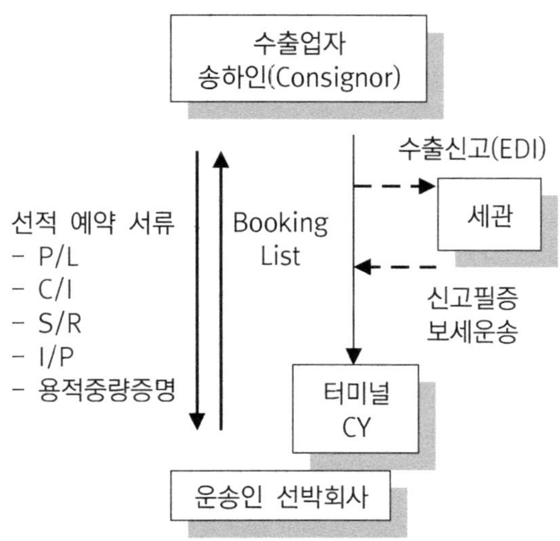

<그림 1-9> 선적 예약 절차

(4) 선적 업무

세관에서 수출 허락이 되고, 수출면장(Export Permit)이 획득되면, 수출을 위한 선적 준비 절차를 수행한다. 통상 FCL(Full Container Load) 화물의 송하인은 선사로부터 빈 컨테이너 인수 후 컨테이너에 화물 적입작업(stuffing, vanning)을 수행한다. 이때 송하인은 빈 컨테이너의 하자에 따른 화물 손상 발생 여부를 파악하기 위하여 컨테이너 상태를 잘 살펴야 한다.

그 후 선사에서 제공된 컨테이너를 봉인(Container Seal)을 하고, 선적을 위해 화물을 컨테이너 야드(Container Yard)에 반입시키며, 통관을 마치고 최종적으로 선박에 적재될 준비를 마친다. 이때 부두에서 수취했음을 증명하는 부두 수취증(Dock Receipt)이 교부된다. 선적항의 CY나 컨테이너터미널에 반입하는 경우 화물수취마감시간(closing time: C/T)이내에 반입하여야 하는데, 통상 선박 출항 하루 전, 입항 후 10시간 이내로 규정하고 있다.

LCL(less than container load) 화물의 경우, 여러 명의 송화인 화물로 1개의 컨테이너를 채우는 혼재화물(consolidated cargo)이기 때문에, 여러 화주의 화물을 하나의 컨테이너에 적입해야 하므로 수출화물을 컨테이너화물집하장(container freight station: CFS)으로 운반하여 화물을 혼적(consolidation)하고 봉인한다.

화물이 반입되면 선사 또는 그 대리인은 화물을 확인하고 송하인에게 화물을 적재할 것을 지시하는 선적지시서(Shipping Order: S/O)를 발급한다. 화주는 이를 본선에 제출하면서 선적이 개시된다. 화물이 본선에 적재될 때 선사 측과 화주 측의 검수인(Tally Man)이 입회하여 화물의 검수(tally)가 행해지며, 본선에서는 선적지시서와 화물과의 일치 여부를 확인하는 것이 중요하다. 이때 화물의 이상여부를 명확히 파악하여 서류에 기재하는데, 본선에서는 본선수취증(Mate's Receipt : M/R)을 발행하여 화물 상태를 기록으로 명확히 남긴다. M/R의 비고란(Remarks)에는 본선에서 수취한 화물의 상태 즉 손상 및 개수 등의 이상에 관한 상세한 기록을 남겨 후에 있을지도 모를 화물 손상 분쟁 등에 대비한다. 비고란의 기재 여부에 따라 추후 발행되는 선적 서류의 하나인 선하증권(Bill of Lading: B/L)이 무사고 선하증권(Clean B/L)이 될지, 사고부 선하증권(Foul, dirty B/L)이 될지가 결정된다. 본선의 일등 항해사는 선적 시 선적지시서(Shipping Order: S/O) 상의 기재사항과 선적 화물을 대조하며 M/R에 이상 여부를 기재한다. 통상적으로 화물에 이상이 없으면 "외관상 양호한 상태로 선적되었음(Shipped in apparent good order and condition)" 이라는 문구가 기재된다.

화물의 선적 과정에서는 다양한 선적 관련 서류가 발생하는데 검수 보고서(Tally Sheet), 해치 리스트(Hatch List), 화물 적부계획도(Stowage Plan), 적부 감정서(Stowage survey Report), 적하목록(Cargo Manifest) 등이 있다.

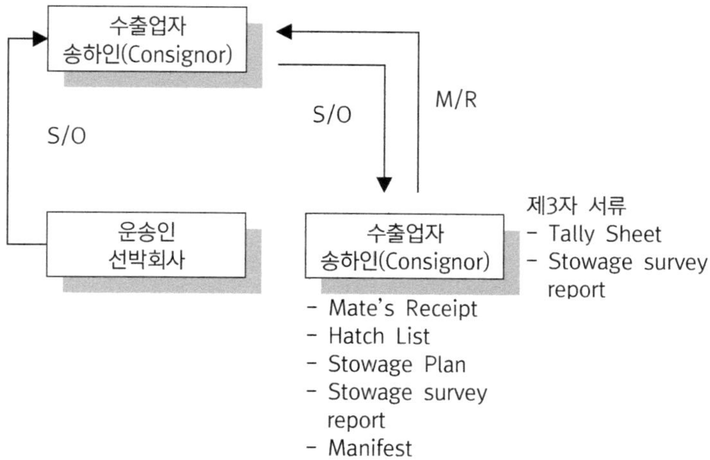

<그림 1-10> 화물 선적 과정

(5) 선하증권(B/L) 발급 및 대금 회수

선적이 완료 된 후 선박회사 또는 그 대리인은 M/R을 회수한 후 수출업자에게 선하증권(Bill of Lading:B/L)을 발급한다. 선하증권(B/L)은 선적 관련 서류 중 가장 중요한 서류 중 하나이며, 운송화물의 수령 및 선적을 인증하고, 그 물품을 지정된 장소까지 수송할 것을 약정하는 유가 증권의 성격을 갖고 있다. 또한 선하증권에서 소지자는 물품의 인도를 청구할 권리를 표시하고 있으며, 선사는 화물을 수령하였다는 증명을 나타낸다. 선하증권의 양도는 그 화물을 양도하는 것과 동일한 효력을 가질 정도로 화물과 같은 가치를 지니고 있다. 따라서 양하항에서 화물의 수령을 위해서는 선하증권이 반드시 요구된다.

수출 업자는 화물을 송부한 후 최종적으로 대금을 회수하여야 한다. 이를 위하여 선사로부터 발급 받은 선하증권(B/L)과 함께, 신용장(L/C)에서 요구하는 다양한 서류를 구비하여 은행에 제출하여 수출 대금을 회수 한다. 통상 선적 서류와 관련된 상업송장, 선하증권, 보험 증권, 포장명세서, 원산지 증명서 등을 제출한다. 수출대금은 통상 현금이 아닌 유가 증권인 환어음(Bill of Exchange) 형태로 지급되며, 이는 수출업자가 수입업자에게 채권 금액 전액을 지명인이나 환어음 소지인에게 일정한 기일 및 장소에서 지급해 줄 것을 위탁하는 행위이다. 지급 만기일, 지급지, 지급인 등의 사항이 기재된다.

1.2.4.2 수출화물 하역절차

송하인은 선적이 끝나면 은행을 통하여 수하인 앞으로 환어음을 발행하고, 선하증권 및 선적관련 서류를 은행에 제출한다. 은행은 해당 서류를 송하인 측 은행에 송부하고, 수하인은 어음 대금을 납부하는 대가로 화물을 찾기 위한 선적 서류 일체를 인도 받는다.

수하인은 선하증권을 포함한 선적 서류를 운송인에게 제출하고 화물 인도 지시서(Delivery Order: D/O)를 교부받아, 본선에 제출 화물을 반출할 수 있도록 조치한다. 세관 신고를 마치면 이 D/O를 터미널에 제출하여 화물 인수가 가능해진다.

통상 운송인 선박이 입항하기 전에 수하인(수입화주)에게 화물 도착을 미리 알리는 도착통지서(Arrival Notice)를 발송한다.

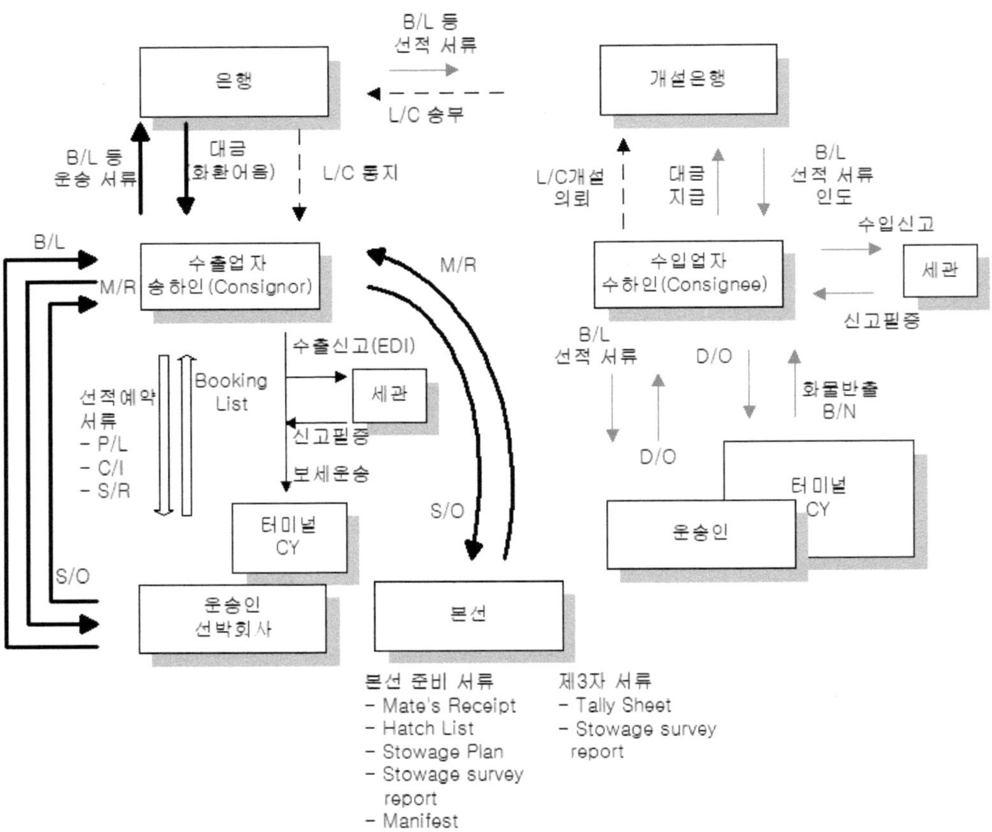

<그림 1-11> 화물 선적 및 이동 흐름

선적 서류 중에서 B/L 원본이 아직 도착하지 않았거나, 분실된 경우, 수입자는 화물선취보증장(Letter of Guarantee)을 선사에 제출하고 화물인수 우선 진행을 요청할 수도 있다. L/G는 수입업자와 은행이 연대 보증하여, 추후 B/L을 제출하겠다는 약속을 문서화한 것이며, 선사는 이 보증장을 접수하고, 조건부로 화물 인도를 승인한다.

1.2.5 선적 하역 서류

(1) 신용장(L/C: Letter of Credit)

신용장은 수입업자의 요청에 따라 거래은행(개설은행)이 수출업자 앞으로 발행하는 지급보증서로서, 수출자가 은행이 대금을 지급 보증을 하는 문서이다. 국제무역에서 신용을 보장하고 거래 리스크를 줄이기 위한 장치의 역할을 한다. 주요 기능으로는 지급보증 기능, 거래신용확보, 거래안전성 강화 등이다.

(2) 상업 송장(C/I: Commercial Invoice)

상업송장(C/I)이란 수출상이 매매계약의 조건을 적합하게 이행하였음을 수입상에게 증명하는 서류로서 상거래상 선하증권과 함께 필수적인 선적서류로 사용된다. 수출상인 송화인(shipper; consignor)이 수입상인 수화인(consignee) 앞으로 작성하는 선적화물의 내용을 표시하는 선적내역서이며, 동시에 화물의 가격 등을 명확히 한 계산서(statement of account)이고 또한 대금청구서의 역할을 하는 문서이다. 국제무역거래의 경우에는 상세 정보 및 안내장의 역할 뿐만 아니라 매매당사자의 이름과 주소, 발행일자, 주문번호, 계약상품의 규격 및 개수, 포장상태 및 화인 등이 표시된 구체적인 매매계산서인 동시에 대금청구서의 역할도 수행한다.

(3) 선적의뢰서(S/R: Shipping Request)

선적의뢰서는 수출자가 선적과 관련된 업무를 운송하는 선사에 요청할 때 사용되는 문서이다. 화물을 보내는 사람이 선박회사에 선적공간 확보를 하고 운송을 의뢰하는 것이다. 선적의뢰서는 구두나 전화로도 가능하나, 일반적으로는 정해진 서식에 따라 작성하며, 선사는 이를 바탕으로 선적지시서(Shipping Order)를 작성하게 된다. 문서에는 화물 관련 정보, 인도 및 계약 조건 등의 항목이 기재된다.

(4) 보험증권(Insurance Policy)

보험증권은 운송 중 발생할 수 있는 분실 등의 위험으로부터 화물을 보호하기 위해 발행된 보험계약서이다. 통상 수출자(화주)가 가입하여 발행된다. 보험증권은 신용장 거래 시 제시서류 중 필요하다. 만약 화물이 운송 중 손상되었을 경우, 보험증권은 보험금 청구 및 손해보상 근거 문서로 활용된다. 이 서류에는 보험계약 조건, 피보험 물품, 보험료 등이 기재된다.

(5) 용적중량증명서(Measurement and Weight Certificate)

용적중량증명서는 선적화물의 용량이나 무게를 공식적으로 증명하는 서류이다. 제3의 기관이 객관적으로 증명한다. 선박에 실린 화물에 대한 부피나 무게에 대한 공식 서류이기 때문에 적재계획, 운임비 등에 사용되는 중요 서류이다. 선적 전 화물 정보가 정확하지 않으면, 운임 오류, 선박 안전사고 발생 등의 가능성이 있으므로, 실무상 중요한 서류 중의 하나이다.

(6) 선적지시서(S/O: Shipping Order)

선적지시서(S/O)는 화주(Shipper)나 수하인(Consignee)이 운송인 선사에게 화물의 운송을 요청하는 선적신청서(S/R)에 따라 선사가 소속 선박 앞으로 발행한다. 이 문서는 해당 화물이 특정 선박에 적재될 수 있도록 선복(Space)과 컨테이너 장비 할당이 확인되었음을 증명하고, 관련 정보들을 제공하는 역할을 한다. 기재 내용으로는 화물명, 수량, 포장방식, 목적지, 선박 정보 등 운송과 관련된 정보가 포함되어 있다.

(7) 부두인수증(Dock Receipt)

화물이 본선에 선적되기 전, 화주나 대리인이 해당 화물을 부두(CY/CFS)에 인도하면 발행되는 서류이다. 화물이 부두에 도착하여 선적 준비 완료되었다는 것을 확인한다. 이 문서는 선사(또는 그 대리점)가 발행하며 이 시점을 기준으로 송하인과 운송인 사이 화물 인도를 확인하며, 화물 운송 책임이 시작된다.

(8) 검수표(Tally Sheet)

검수는 물건의 규격, 수량 등을 검사한 후 물건을 받는 것을 의미하는데, 화물을 선적 전에 화물 수량 등을 점검할 때 작성하는 서류이다. 이 작업을 전문으로 하는 검수인(Tally man)이 작성한다. 화물이 실리는 선박, 항차, 작업 날짜, 컨테이너의 정보 등이 함께 기재된다.

(9) 해치리스트(Hatch List)

Hatch List는 화물창(hold)에 적재된 화물의 상세를 기록한 서류이다. 여기에는 화물의 명세, 수량, 중량, 수하인 정보 등을 해치별로 정리하며, 화물창 별 총 화물의 체적이나 무게도 기재한다. 이를 활용하여 선박의 적재 및 양하 작업에 도움을 받는다.

(10) 화물 적부도(Stowage Plan)

선박 내에 적재된 모든 화물의 분포를 시각적으로 확인할 수 있도록 도식화한 서류이다. 화물의 수량, 중량, 양하항(port of discharge) 등의 정보를 포함하며, 선박의 안전 운항과 하역 효율성을 높인다. 이 계획에 따라 선박의 출항자세가 결정되므로 선박의 복원성(stability) 확보 및 안정적인 항해에 중요한 서류다.

벌크선의 경우, 1항사(Chief Officer)가 각 화물창에 어떤 화물을 어느 정도 실을지 결정하고, 출항 전후의 흘수(draft)와 트림을 고려하여 선적계획을 수립한다. 컨테이너선에서는 이 도면을 베이 플랜(Bay Plan)이라고 부른다. 선사는 사전에 최적의 선적계획을 수립하며, 자동화된 컴퓨터 시스템을 통해 컨테이너 터미널에서 적재 위치를 자동으로 계산하고 할당한다. 이 계획은 공간 활용 극대화, 하역 순서 최적화, 안전 확보를 동시에 고려한다.

(11) Stowage Survey Report

Stowage Survey Report는 선박에 적재된 화물이 안전하고 적재되었는지 검토하는 보고서이다. 선박의 화물 손상 방지 등을 확인한다. 주요 검사 항목으로는 화물 적재 위치, 화물의 고박(lashing) 상태, 포장 상태, 선체 손상 등을 점검한다. 운송 당사자인 선박이 아닌 해상감정인(Marine Surveyor)이나 독립된 제3기관이 보고서를 작성하게 된다. 선박의 안전 운항과 화물 손상 방지에 중요하며, 향후 발생할 수 있는 보험 청구나 법적 분쟁을 대비하여 운송인이 책임을 면하기 위한 수단으로 작용하기도 한다.

(12) 화물창 검사서(Hatch Survey Report)

Hatch Survey Report는 선박의 해치 커버(hatch cover) 및 관련 구조물이 항해 중 및 화물 적재 시 수밀성(weathertightness) 유지 상태를 점검하기 위해 작성되는 보고서이다. 객관성을 지닌 제3의 기관인 해사검정인(marine surveyor, surveyor)이 주로 선적 전(pre-loading inspection) 또는 하역 시점(cargo discharge)에서 수행되기도 한다. 주된 목적은 손상 유무를 확인하고 책임 소재 판단의 근거 자료로 활용된다. 화물 양하 항에서 실시되는 경우는 양하항 도착 시, 화물 손상이 있다면 그 원인 및 범위를 점검한다. 화물 양하 전에 해치 커버를 개방한 상태에서 해치 검사가 실시된다.

(13) 적하목록(Cargo Manifest)

적하목록(Cargo Manifest)은 선박에 적재된 모든 화물의 총괄내역을 기록한 문서로, 선하증권(B/L)을 기초로 하여 송화인, 수화인, 선화증권번호, 컨테이너번호, 운임 등의 정보를 포함한다. 이 서류는 통관, 하역, 보세운송, 창고배정 등의 물류 절차에서 활용되며, 특히 세관에서는 화물의 적법성 검토와 관세 부과의 기준자료로 사용한다. 통상 선사 등이 작성하며 관세법에 따라 입항지에서 선장은 서명된 적하목록을 세관에 제출해야 한다. 화물의 이력을 관리하는 기본 문서로, 사람의 주민등록등본에 해당하는 서류이다.

(14) 본선수취증(Mate's Receipt: M/R)

본선수취증(Mate's Receipt, M/R)은 본선 일등항해사(Chief Mate)가 화물을 수취하였음을 증명하는 문서이다. 선적 완료 후 발행될 선하증권(Bill of Lading, B/L) 발급의 전제 조건이 되는 확인서이다. 본선 일등항해사가 서명하여 작성된 서류는 하주(Consignee)측에 교부되며, 이를 선박회사에 제출하면 선박회사에서는 이와 상환으로 선하증권(B/L)을 발급하게 된다. M/R은 화물에 대한 법적 소유권 문서는 아니지만, 화물이 실제로 본선에 적재되었음을 입증하는 증거로 기능한다.

M/R에는 선박명, 항구, 송화인/수화인, 포장 단위, 중량, 화물 상태 등의 정보가 포함되며, 적재된 화물 상태를 명확히 파악하고 비고란(Remarks)에 기재하는 것이 중요하다. 일등항해사는 선적지시서와 실제 반입 화물을 대조하여 상태 이상 여부를 점검하며, 포장 손상, 유손, 개수 부족 등 이상 사항이 있을 경우 이를 꼼꼼히 기재해야 한다.

본선에서 화물 선적시 화물 상태나 수량에 이상 사항이나 불일치 사항이 있다면 비고란에 기재하여 향후 발생할 운송인의 손해배상에 대비한다.

아래는 Remakrs 기재 예이다.

① 화물 상태의 이상 표시

"5 bags torn"(포대 5개 파손)

"Bales stained"(베일에 얼룩 있음)

"Drums rusty"(드럼에 녹 발생)

② 수량 불일치 및 기타

5 bales in dispute(5개의 베일은 분쟁 중)

Wet cargo(화물 젖음)

비고란에 이상이 없으면 Clean M/R이 되며, 만약 M/R의 비고란에 화물의 손상, 포장 불량, 수량 불일치 등의 내용이 기재되면, 해당 내용은 향후 발행될 선하증권(B/L)의 조건부(clause) 조항으로 반영되어, 법적 사항이나 상업적으로 영향을 미치게 된다.

(15) 선하증권(Bill of Lading)

선하증권(Bill of Lading, B/L)은 운송인이 화물 운송 계약에 따라 화물을 수령 및 선적되었음 인증하고, 그 화물에 대한 소유권을 나타내는 문서이다.

통상적으로 선박회사 또는 운송인이 송화인에게 발급하며 기재된 조건에 따라 운송하며 양륙항에서 증권의 정당한 소지인에게 그 화물을 인도할 것을 확약하는 증권이다. 기재되는 주요 정보로는 송화인(Shipper), 수화인(Consignee), 운송인(Carrier), 화물 명세, 선적지 및 도착지, 운임 조건 등 운송과 관련된 모든 정보가 포함된다. 선하증권을 소지한 자는 화물에 대한 소유권을 가진 것으로 간주되며, 이 선하증권 양도(endorsement)함으로써 소유권이 이전된다.

선하증권(Bill of Lading, B/L)은 세 가지 주요 기능을 수행한다.

▷ 화물 수령증(Receipt of Goods): 운송인이 특정 화물을 수령하였음을 증명

▷ 운송 계약의 증거(Evidence of Contract of Carriage): 화물 운송에 대한 계약 조건을 명시

▷ 화물 권리 증서(Document of Title): 화물에 대한 소유권을 나타내며, 양도 가능성이 있는 경우에는 거래 수단으로 활용

따라서, B/L은 단순한 운송서류가 아닌 화물 존재와 권리를 증명하는 법적 성격을 지니며, 이를 통해 소유권 이전, 계약 해석, 대금 결제, 법적 보호가 가능하게 한다.

선하증권은 다양한 형태와 종류가 있으며 개략적인 내용은 아래와 같다.

① 화물 상태에 따른 종류

화물 선적과정에서 본선에서는 화물 인수 후 M/R을 발행한다. 이때 비고란(remarks)에 화물 이상 유무에 따라 2가지 종류로 분류된다.

▷ 무고장선하증권(Clean B/L): 특별한 화물 이상이 없어서 화물이 외관상 손상 없이 양호한 상태로 적재되었음(Apparent good order and condition)을 나타냄.

▷ 조건부/고장부 선하증권(Claused/Dirty(foul) B/L): 화물에 손상, 포장 결함, 수량 불일치 등 문제가 있어서 본선 수령시 M/R 비고란에 이러한 사항을 명시한 선하증권을 의미한다. 이러한 경우 송하인은 나중에 은행을 통한 화물 대금 지급에 문제가 발생할 수 있다.

② 발생 시기 및 운송 형태에 따른 분류

선하증권이 발생되는 시점과 계약 운송 형태에 따라 구분할 수 있다.

▷ 수취 선하증권(Received for shipment B/L): 실제 화물이 선박에 적재되기 전인 컨테이너 야드(CY) 등에 인수됨을 확인하는 경우 발행된다. 선적될 선박은 지정되었으나, 아직 선적이 완료되지 않은 상태에서 발행된 서류이다. 운송인이 실제로 선박에 싣지 않았음에도 발행 가능하므로, 신용장 거래에서는 일반적으로 불리한 경우도 있다.

▷ 선적 선하증권(Shipped B/L): 실제로 화물이 본선에 실제로 적재된 후 발행되는 경우이다. 일반적으로 신용장 거래에서 선호되며, 기재면에는 “Shipped on board…" 또는 "On board…”와 같은 문구가 기술된다. 국제 무역(특히 신용장 거래)에서 가장 일반적이며 신뢰도 높은 선하증권 유형이다.

▷ 통과선하증권(Through B/L): 화물을 출발지에서 목적지까지 한 번의 계약으로 운송하는 경우 발행되는 선하증권이다. 최종 목적지까지 두 개 이상의 운송수단(선박-> 철도 혹은 선박-> 차량)과 같이 해상 운송이 내륙으로 연장되어 추가 운송이 존재할 경우, 최초의 해상운송인이 내륙 운송까지 운송 책임을 지면서 발행하는 증권이다. 해상 운송의 연장적인 성격이 짙다.

▷ 복합운송선하증권(Combined Transport B/L): 주로 전 구간(door to door) 운송과 같이 두 개 이상의 운송 방식(해상, 육상, 항공 등)이 결합하여 운송될 경우, 주로 복합운송인이 주체가 되어 전 구간에 운송 책임을 지면서 발행하는 선하증권을 의미한다. 복합물류 서비스의 일종이다.

③ 소유권 이전 가능성에 따른 분류

선하증권(Bill of Lading, B/L)은 단순한 운송계약서나 화물수령증을 넘어서, 화물의 소유권을 대표하는 유가증권이며, 소유권 이전이 양도에 의해 가능하다. 양도 가능성에 따라 선하증권은 분류된다.

▷ 기명식 선하증권(Straight Bill of Lading): 특정 수하인(Consignee)에게 인도되도록 특정 수하인의 이름이 명시된 선하증권이다. 따라서 해당 수하인에게만 화물이 인도되며, 일반적으로 다른 사람에게 배서를 통한 소유권 이전이 불가능하다. 특수한 목적의 경우에 주로 사용되는 방식이다.

▷ 지시식 선하증권(Order Bill of Lading): 수하인란에 특정 이름이 아닌 “To order" 또는 "To order of”로 기재되어 배서를 통한 소유권 이전이 가능한 증권을 의미한다. 신용장 거래에 가장 일반적인 형태다.

▷ 소지인식 선하증권(Bearer Bill of Lading): 수하인이 명시되어 있지 않고, 이 증권을 소지한 사람에게 화물이 인도되도록 발행된 증권이다. 따라서 선하증권을 소지한 자 누구에게나 화물을 인도받을 수 있는 특징이 있다. 간편하지만 보안성에 취약하고, 분실 위험이 따를 수 있다.

(16) 화물선취보증서(Letter of Guarantee, L/G)

화물선취보증서(Letter of Guarantee, L/G)는 수입화물이 도착했으나 선적서류 원본이 도착하지 않아 화물 인수가 불가능할 때, 수입자가 화물을 인도받을 수 있도록 수입자의 요청에 의해 은행이 발행하는 보증서이다. L/G를 통해 수입자는 선하증권 원본 대신 보증서를 운송회사에 제시하여 화물을 인수한다. 발급된 L/G를 선박회사에 제출하면 선박회사는 화물인도지시서(Delivery Order: D/O)를 하주에게 교부하여, 화물 인수가 가능하게 된다.

(17) 화물인도 지시서(Delivery Order: D/O)

화물이 목적지 도착하면 수하인이 선하증권 등 관련서류를 제출하고, 운송인은 화물인도를 승인하는 화물인도 지시서를 발행한다. 수하인은 이를 이용하여 항만의 화물 보관장소에 제시하고 화물을 인도 받을 수 있다. D/O는 화물 인도의 권한을 부여하는 문서이며, 소유권 이전과 관련없는 선하증권과는 별개의 문서이다.

(18) 해상사고 보고서(Sea Protest)

해상사고 보고서(Sea Protest) 항해 중 악천후나 기타 해상 위험으로 인해 선박에 사고(선체 또는 화물) 및 손상이 발생했거나, 염려가 있을 경우, 선장이 공증인 또는 영사 앞에서 작성하여 감독관청에 제출하는 서류이다. 이 문서는 해당 손상이 불가항력적인 해상사고로 인해 발생했음을 증명함으로써, 선장 및 선박 소유자의 법적 책임을 면책받기 위한 증거자료로 사용된다.

이 문서의 주요 기능은 본선의 책임면제, 보험청구, 분쟁 발생시 법적증거 기록 등이다. 통상 항해 중 조우한 해상상태 및 기상조건, 사고의 경위, 대응 조치, 본선의 상태 및 본선 의견 등을 기재한다.

(19) 손상화물 감정서(Damaged Cargo Survey Report)

손상화물 감정서(Damaged Cargo Survey Report)는 해상 운송 중 선박에서 발생한 화물 손상에 대해 제3의 기관(marine surveyor)이 화물 손상의 원인 규명을 하기 위해 실시한 결과를 보고한 서류이다. 향후 보험 청구, 법적 분쟁 해결, 책임 규명, 손해 방지 조치 수립 등을 목적으로 사용된다.

(20) 화물 수량부족 보고서(Trace)

해상 운송에서 화물 수량 부족(Shortage) 발생 시, 이를 추적하고 보고하기 위한 문서이다. 수하인이 화물을 수령하면서 수량 부족을 확인한 경우, 즉시 Tracer를 발행하여 운송사에 추적을 요청한다.

선박 화물

Chapter 2

선박이 운송하는 화물은 종류와 형태가 매우 다양하다. 각 화물은 고유한 물리적, 화학적, 경제적 특성을 지니며, 이러한 특성을 이해하는 것은 안전하고 효율적인 해상운송을 위해 필수적이다. 본 장에서는 화물의 종류, 포장 형태, 검량 및 검수, 운임단위, 그리고 선박의 적화능력에 대해 살펴본다.

2.1 화물의 특성

2.1.1 화물의 종류

국제 해상 운송에서 화물은 성질과 형태에 따라 여러 가지로 분류된다. 각각의 화물은 운송방식, 포장 형태, 취급 방법이 달라지며, 효율적이고 안전한 운송을 위해 화물의 특성에 따른 적절한 분류와 포장이 필요하다. 아래는 해상 운송에서 주로 다루어지는 대표적인 화물의 유형이다.

가. 일반화물 (General Cargo)

다양한 형태로 개별 포장된 화물을 의미한다. 박스, 자루, 나무 상자, 드럼통 등 개별 단위로 포장된 다양한 상품들을 의미하며, 이러한 화물은 품목의 종류가 다양하고 부피나 무게가 상대적으로 작아, 포장 단위로 나뉘어 운반된다. 전자제품, 의류, 공산품, 식료품 등 소형•중형 상품이 주로 이에 해당된다. 각각의 화물은 서로 다른 포장 형태와 크기를 가지고 있기 때문에, 적재 및 하역 시 세심한 주의가 필요하다. 또한 일반화물은 개별 단위로 취급되기 때문에 파손 방지를 위한 포장 품질, 그리고 운송 중 취급 주의 라벨 부착이 중요하다. 선박뿐만 아니라 항만, 트럭, 창고 등 다양한 물류 환경에서 자주 접하게 되는 기본적인 화물 유형이다.

나. 건화물 (Dry Bulk Cargo)

포장 없이 대량으로 운반되는 고체 형태의 화물을 의미한다. 건화물은 시멘트, 석탄, 철광석, 곡물, 소금, 설탕 등과 같이 고체 상태의 원재료를 대량으로 운송하는 화물에 해당된다. 이러한 화물은 포장되지 않은 채 선박의 화물창에 직접 적재되며, 산업과 식품 생산에 있어 매우 중요한 자원이다.

이 화물들은 일반적으로 균일한 크기와 특성을 갖고 있어, 자동화된 장비를 통해 연속적으로 적재하거나 하역할 수 있다. 하역 시에는 벨트 컨베이어, 호퍼(hopper), 크레인 등이 활용되며, 육상 운송에는 화차(wagon)나 대형 화물 트럭(lorry)이 사용된다.

건화물은 한 번에 대량 운송이 가능하다는 장점이 있지만, 분진 발생이나 적재 불균형 등으로 인한 환경적, 안정성 문제도 존재하기 때문에 적절한 관리와 기술적 대비가 요구된다.

다. 액상화물 (Liquid Bulk Cargo)

액체 상태의 물질을 대량으로 운송하는 화물을 말한다. 액상화물은 말 그대로 액체 상태의 화물로, 대표적으로는 원유, 석유제품, 식물성 기름, 알코올, 주류, 화학약품, 액화천연가스(LNG) 등이 있다. 이러한 화물은 고체나 일반 포장 화물처럼 컨테이너에 담을 수 없기 때문에, 전용 탱커선의 특수 저장 탱크에 담아 운송된다.

액체는 운송 중 흔들림이나 충돌에 민감하며, 누출이나 화재 위험이 존재합니다. 이에 따라 액체 화물을 실은 선박은 이중 선체 구조(double hull)로 설계되어 사고 발생 시 외부로 내용물이 새어나가지 않도록 보호된다. 운송 전후에는 화물 성질에 따라 온도, 압력, 점도 등을 고려해야 하며, 정밀한 모니터링과 안전 관리가 필수적이다. 에너지 및 산업용 원자재로서 경제적으로도 매우 중요한 화물 유형이다.

라. 컨테이너화물 (Containerized Cargo)

규격화된 컨테이너에 적재되어 효율적으로 운송되는 화물을 의미한다. 컨테이너화물은 국제 표준 규격(예: 20피트, 40피트)의 금속제 컨테이너에 담아 운송되는 화물이다. 전자제품, 의류, 가전제품, 생활용품 등 일반화물에 해당되는 다양한 일반 상품을 적재할 수 있으며, 운송, 보관, 하역이 모두 편리한 것이 큰 장점이다.

컨테이너는 트럭, 열차, 선박 간에 화물 자체를 옮기지 않고 그대로 옮겨 실을 수 있는 복합운송(intermodal transport)을 가능하게 해주며, 이는 물류 효율을 크게 향상시킨다. 화물이 밀폐된 구조 안에 적재되므로 보안성이 높고, 분실·도난·손상 등의 위험이 줄어든다. 또한, 항만에서 자동화 하역 장비를 이용해 대량의 컨테이너를 신속하게 처리할 수 있다.

마. 브레이크 벌크 화물 (Breakbulk Cargo)

컨테이너에 실을 수 없는 형태나 크기의 개별 포장 화물을 의미한다. 브레이크 벌크 화물은 표준 컨테이너의 규격을 초과하거나 형태상 적합하지 않은 화물을 의미한다. 목재, 종이, 강판, 중량 금속, 기계 부품 등이 여기에 속하며, 자루, 나무 상자, 드럼통, 팔레트 등의 형태로 개별 포장되어 운송된다.

이러한 화물은 선박의 화물창에 직접 실리거나 갑판 위에 고정되어 운송되며 일반적으로 기계 또는 수작업을 통해 하역된다. 자동화된 운송 시스템에는 적합하지 않지만, 특정 목적의 화물이나 비표준 제품 운송에 유리한 방식이다.

바. 생동물 화물 (Livestock Cargo)

살아있는 동물을 운송하는 특수 화물을 의미한다. 생동물 화물은 소, 돼지, 양, 닭, 말 등 살아있는 동물을 운송하는 화물로, 국가 간 농축산물 교역에서 중요한 역할을 한다. 단순히 운반만 하면 되는 여타 화물과 달리, 생동물은 생명체이기 때문에 생리적 • 환경적 조건을 충족해야 한다.

운송 도중에는 동물들의 건강 관리, 사료 공급, 물 공급, 배설물 처리, 스트레스 방지, 환기 및 적절한 공간 확보가 필수적이다. 이를 위해 전용 가축 운송선(Livestock Carrier)이 사용되며, 선내에는 동물 케이지, 급수 • 급식 장치, 통풍 설비 등이 설치되어 있다. 이러한 화물은 국제수역사무국(OIE)의 기준에 따라 위생 관리와 방역 절차도 철저히 이행되어야 한다.

사. 로로 화물 (Ro-Ro Cargo)

바퀴 달린 차량류 화물을 선박에 직접 실어 운송하는 방식을 말한다. 로로(Ro-Ro) 화물은 차량처럼 바퀴가 달려 스스로 움직일 수 있는 화물을 의미합니다. 대표적으로 자동차, 트럭, 버스, 트랙터, 중장비(JCB 등) 등이 이에 해당합니다. 운송 시에는 Ramp(경사로)를 통해 차량이 선박에 직접 진입하거나 하선하며, 차량 내부에는 운전기사가 탑승하지 않아도 되도록 고정 장치와 안전 조치가 마련되어 있다. 로로 화물은 대량의 차량을 손쉽게 빠르게 운송할 수 있는 방식으로, 글로벌 자동차 산업의 해외 수출입에 가장 널리 활용되는 화물이다.

아. 냉동 화물 (Refrigerated Cargo)

부패하기 쉬운 식품이나 의약품 등을 일정 온도로 유지하며 운송하는 화물을 의미한다. 냉동 화물은 육류, 생선, 냉장 과일, 냉동 채소, 유제품, 의약품 등과 같이 저온에서 보관되어야 하는 민감한 화물이다. 이 화물들은 온도 변화에 매우 민감하여 부패나 변질 우려가 크기 때문에, 운송 중 철저한 온도 관리가 필수적이다. 운송에는 냉장 선박(Reefer Vessel) 또는 냉동 컨테이너(Reefer Container)가 사용되며, 이들에는 자동 온도 조절 시스템이 내장되어 있다. 필요시에는 습도 조절, 환기, 이산화탄소 농도 제어 기능도 활용된다. 식품 안전, 유통기한, 국제 위생 기준 등을 고려할 때, 냉동 화물의 품질 유지와 신속한 운송은 중요하다.

자. 특수화물 (Special Cargo)

위험물, 초중량물 등 특별한 주의와 규제가 필요한 화물을 의미한다. 특수화물은 위험물(Hazardous Cargo), 초중량물(Heavy Lift Cargo), 고가 장비, 방사성 물질, 유독성 화학제품 등과 같이 일반 운송이 불가능하거나 법적으로 규제되는 화물을 의미한다. 이러한 화물은 운송 과정에서 폭발, 화재, 누출, 환경오염 등의 위험이 따르므로, 철저한 안전 조치와 사전 계획이 필요하다. 화물에는 반드시 국제 규정에 따른 라벨과 취급 주의 표시가 부착되어야 하며, 전문 인력에 의해 관리된다. 또한, 적재·하역을 위한 전용 장비와 구조물이 필요하며, 일정한 허가 절차와 보험 가입이 필수적이다.

<표 2-1> 선박 화물 종류

화물 종류	특징
일반화물 (General Cargo)	상자, 가방, 나무상자 등으로 포장된 다양한 소형 화물
건화물 (Dry Bulk)	포장되지 않은 고체 화물 (곡물, 시멘트, 철광석 등)
액상화물 (Liquid Bulk)	액체 상태의 화물 (원유, 주류 등), 탱크에 저장
컨테이너화물 (Containerized Cargo)	표준 ISO 컨테이너에 적재된 화물
브레이크 벌크 (Breakbulk Cargo)	표준 컨테이너에 실을 수 없는 화물 (목재, 금속, 드럼 등)
생동물 화물 (Livestock Cargo)	살아있는 동물 운송, 건강 및 위생 관리 필수
로로 화물 (Ro-Ro Cargo)	바퀴 달린 화물 (자동차, 트레일러 등), 차량이 직접 승하선
냉동 화물 (Refrigerated Cargo)	부패하기 쉬운 식료품, 냉동 식품 등을 운송
특수화물 (Special Cargo)	위험물, 중량물 등 특별한 관리가 필요한 화물

2.1.2 화물 포장

화물 포장은 운송 과정에서 화물을 보호하고, 하역 및 보관의 효율을 높이기 위한 중요한 수단이다. 포장은 단순한 외형의 문제를 넘어, 화물의 손상 방지, 운송의 안정성, 국제 무역의 표준화를 위한 핵심 요소로 작용한다. 이 절에서는 포장의 기능과 종류, 규격화, 그리고 화표의 역할에 대해 서술한다.

2.1.2.1 포장의 기능 및 규격화

선박화물의 규격화는 포장 단위, 크기, 형태 등을 일정한 기준으로 통일하는 것을 의미한다. 이는 하역 작업의 자동화 및 기계화에 적합하도록 포장 단위를 표준화하여 물류 전 과정의 효율성을 높이는 데 중요하다. 또한, 다양한 운송 수단 간의 연계 운송(Intermodal Transport)에서도 중요한 역할을 하며, 항만의 하역 설비나 창고의 적재 시스템과의 호환성을 고려한 설계가 이루어진다.

화물의 규격화는 다음과 같은 다양한 효용을 제공한다.

작업 효율성 향상: 포장 크기와 방식의 통일로 선적 및 하역 속도가 빨라짐
화물 손상 감소: 일관된 포장은 적재 중 화물의 이동을 최소화하여 손상을 줄임
비용 절감: 작업 효율성 증대로 하역비와 인건비가 절감
적재 공간 최적화: 표준화된 포장은 선박의 적재 계획을 용이하게 하여 선창 공간을 효율적으로 활용

가장 대표적인 규격화 사례는 컨테이너 사용이다. ISO에서 규정한 20피트 및 40피트 규격의 컨테이너는 전 세계적으로 통용되며, 해상 운송은 물론 철도, 트럭 운송까지 하나의 포장 단위로 연결된다. 또한, 종이 롤, 박스형 포장, 드럼 등의 포장도 형태와 중량 기준에 따라 표준화된 형식으로 사용되고 있다. 특히, 다층 적재가 가능한 형태의 포장은 선박 적재 효율을 극대화하는 데 유리하다.

팔레트는 규격화된 화물 운송의 대표적인 도구로, 현대적인 팔레트는 1920년대에 등장하였으며, 1925년에는 포크리프트와 함께 사용하기 위한 목적으로 설계되었다. 이후 제2차 세계대전 중 군수물자 운송의 효율성을 높이기 위해 널리 사용되었으며, 전쟁 후 산업 전반으로 확산되었다.

현재 국제표준화기구(ISO)는 지역별로 적합한 팔레트 규격을 제시하고 있으며, 대표적으로 1,100 ㎜ × 1,100 ㎜(아시아 지역), 1,200 ㎜ × 800 ㎜(유럽 지역) 규격이 널리 사용된다. 현대 물류 시스템에서는 포크리프트와의 호환성을 고려하여 팔레트 기반의 적재 시스템이 기본으로 채택되고 있다.

<그림 2-1> 컨테이너

<그림 2-2> 팔레트

2.1.2.2 화표

화물 표시(cargo mark)는 선박화물에 부착되거나 인쇄되는 시각적 정보로, 화물의 종류, 목적지, 취급 방법 등을 명확히 전달하기 위한 표시 체계를 말한다. 이는 선적, 하역, 보관, 운송 등 물류 전 과정에서 올바른 처리와 오배송 방지를 위해 반드시 필요한 요소이다. 일반적으로 화물의 외부 포장에 기재되며, 통관 및 수입·수출 관리에서도 중요한 역할을 수행한다.

화물 표시는 일반적으로 다음과 같은 항목들로 구성된다.

수화인 명칭 (Consignee): 화물을 받는 사람 또는 회사의 이름
목적지 (Destination): 화물이 최종적으로 도착할 장소
선적항 (Port of Loading) / 양하항 (Port of Discharge): 화물이 선적되거나 하역되는 항구
화물 번호 (Package Number): 전체 포장 중 몇 번째 화물인지 구분하는 번호 (예: 3 of 10)
취급 주의 표시 (Handling Instructions): 'Fragile(파손주의)', 'Keep Dry(건조 유지)', 'This Side Up(이쪽이 위)' 등
중량 및 규격 (Weight and Dimensions): 단위 중량, 전체 중량, 포장의 크기
출발지 / 화주 (Shipper): 발송인 혹은 제조자의 정보

이러한 정보는 혼란을 줄이고 물류 작업자 간의 정확한 전달을 돕는다. 특히 동일한 선적 내에 여러 목적지의 화물이 혼재되어 있을 경우, 표시 오류는 큰 물류 사고로 이어질 수 있다.

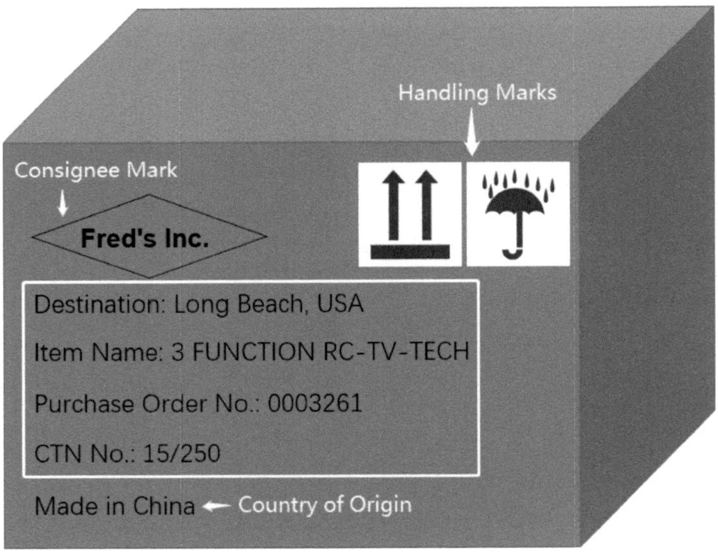

<그림 2-3> cargo mark

2.1.3 검량 검수 감정

선박화물의 운송 과정에서는 다양한 검사의 절차가 병행된다. 특히 하역 전후 및 인도 시점에서의 중량 확인, 수량 확인, 품질 확인 등은 운송의 책임소재 및 계약 이행의 근거 자료로 활용된다. 따라서 검량, 검수, 감정, 검재는 해상운송의 신뢰성과 공정성을 담보하는 필수 절차이다.

2.1.3.1 검량 검재

검량과 검재는 해상 운송과 국제 무역에서 화물의 물리적 특성을 정확히 파악하기 위해 수행되는 핵심 절차로, 검량은 화물의 중량을 측정하는 과정이며, 검재는 화물의 부피를 산출하는 작업이다. 이 절차는 운임 산정, 선박의 적재 계획, 통관 신고, 보험 평가 등 다양한 물류·법률·상업적 절차의 기준자료가 되며, 특히 목재와 같은 원자재성 화물의 경우 규격이 일정하지 않아 신뢰성 있는 검량·검재가 거래의 공정성과 효율성을 확보하는 데 필수적이다.

가. 검량(Measurement)

검량이란, 항만운송사업의 일종으로서 국제간의 합의된 계약에 의한 선적화물중 액체화물, 곡물과 같은 산물, 기체화물, 기타 각종 저장탱크와 화물의 용적 또는 중량을 이해 당사자가 아닌 제3자적 위치에서 공정히 산정·검측·계산하여 객관적 증명서를 발행하는 일을 검량이라 한다. 이런 과정을 거쳐 발행된 증서를 총괄적으로 중량용적증명서(certificate of weight and measurement)라고 한다.

검량(Measurement)은 선박이나 화물 터미널 등에서 화물의 부피 또는 중량을 확인하기 위한 절차를 총칭하는 말이다. 벌크화물선의 경우 Cargo Survey라고도 표현되며, 이는 화물 종류, 수량, 상태 등을 점검하는 활동 전반을 포함한다. 검량은 수출입 화물의 거래, 보험, 클레임 대응 등에 있어 객관적인 기준을 제공하기 위한 중요한 절차이다.

화물 중량과 부피를 측정 과정은 여러 방식이 있다. 산적화물의 경우는 선적 전후에 흘수감정(draft survey)을 거쳐 선박에 탑재된 화물량을 측정하기도 한다. 선박의 흘수를 측정하고 선박이 잠긴 깊이를 산정하여 실린 화물의 중량을 계산하는 방식이다. 탱커선과 같은 액체 화물선박의 경우는 이러한 방식이 아닌 각 화물 탱크별 실린 화물의 중량을 개별적으로 측정하기 위해 각 탱크의 유체가 잠긴 깊이를 의미하는 얼리지(Ullage)를 측정하고 이를 바탕으로 중량을 계산한다.

한국에서는 검량사는 한국산업인력공단에서 시행하는 검량사자격시험에 합격하여 그 자격을 취득한 사람이 이런 업무에 종사한다.

나. 검재

검재(Measurement of Volume)는 화물의 부피를 측정하는 절차이다. 주로 목재, 원목, 철강재 등 부피가 중요한 화물에 적용되며, 운임 계산, 선적 공간 배정, 선박의 적재 계획 등에 활용된다. 예를 들어, 목재 화물의 경우 Brereton Scale, Hoppus Measure 등의 방법이 사용된다.

검재는 선적 화물의 부피(volume), 중량(weight), 면적(area) 등 물리적 수치를 측정하여 운송, 보험, 통관, 계약 이행 등에서 기준이 되는 기초 데이터를 산출하는 작업이다. 해상운송에서는 이러한 수치들이 운임(freight) 계산, 서류 상 기재 정보, 과적 방지, 선박 적재 계획(stowage planning) 등에 직접적인 영향을 미치므로, 정확하고 표준화된 방식으로 검재가 수행되어야 한다.

이 중에서도 목재 화물(timber cargo)은 검재가 매우 중요한 분야 중 하나이다. 목재는 일반적으로 원형 또는 불규칙한 형태를 가지며, 제재 전후의 부피가 달라질 수 있으므로 단순 측정이 아닌, 국제적으로 인정된 검재 방식에 따른 계산이 필요하다. 이러한 방식들은 산정된 수치를 부피 단위로 환산하고, 그 결과를 토대로 운송비 산정, 계약 확인, 세관 신고, 보험 청구 등에 사용된다.

다. 목재 검재법

목재의 검재법에 사용되는 단위는 몇 가지 종류가 있다.

1 BF = 1 inch × 12 inches × 12 inches = 144 cubic inches

1 BM = 1000 BF

1 m^3 = 1 meter × 1 meter × 1 meter

BF (Board Foot)는 목재 제재 시 사용 가능한 목재의 체적(부피)을 나타내는 단위

1 BM(Board Measure)는 1000 BF에 해당되며 목재의 운임톤으로 사용

m^3(Cubic Meter, 세제곱미터)은 국제 단위계(SI 단위)의 체적 단위를 사용

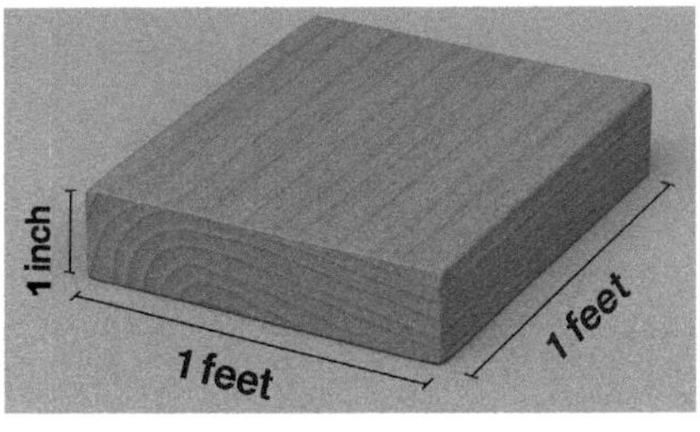

<그림 2-4> Board Foot

<표 2-2> 목재 체적 단위

단위	상세	기타
BF (Board Foot)	1 ft × 1 ft × 1 ft ($144\ in^3$)	제재목의 부피 측정
BM (Board Measure)	1 BM = 1000 BF	대량 목재 거래 단위
m^3(Cubic meter)	m × m × m	입방미터
ft^3(Cubic Foot)	ft × ft × ft	입방피트

원목의 검재 방법으로 대표적인 아래와 같다.

① 블레레톤법(Brereton Scale)

이 기법은 원목의 양 끝 단면 직경을 각각 측정하여, 이를 기반으로 부피(volume)를 계산하는 방식이다. Brereton Scale은 아프리카, 오세아니아, 동남아시아, 남아메리카 지역 등에서 주로 사용되며, 특히 말레이시아, 인도네시아, 파푸아뉴기니, 필리핀 등 목재 수출이 활발한 국가들에서 널리 채택되고 있다.

이 방식은 원목이 끝으로 갈수록 점점 가늘어지는 형태(tapered shape)를 가진다고 가정하고, 양쪽 끝 직경을 모두 고려함으로써 단순 원기둥 계산보다 실제 형상에 더 근접한 부피 측정을 가능하게 한다.

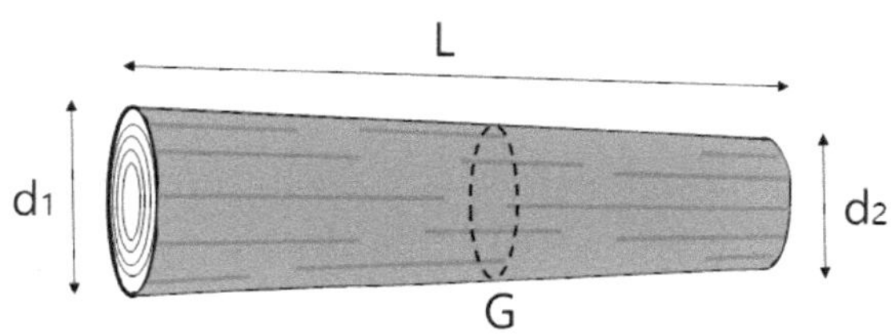

<그림 2-5> 원목의 검재

$$V = \frac{\pi}{4}(\frac{d_1 + d_2}{2})^2 \times L \times \frac{1}{10,000}\ (m^3)$$

V : 원목의 부피 (m^3, cubic meters)

d_1 : 한쪽 끝 단면 직경(㎝)

d_2 : 반대쪽 끝 단면 직경(㎝)

L : 원목 길이(m)

이를 BF(Board Foot) 나타내면 아래와 같다.

$$V = \frac{\pi}{4}(\frac{d_1 + d_2}{2})^2 \times L \times \frac{1}{12}\ (BF)$$

V: 원목의 부피(BF)

d_1: 한쪽 끝 단면 직경(inch)

d_2: 반대쪽 끝 단면 직경(inch)

L: 원목 길이(feet)

특징으로는 양 끝단의 직경 변화가 큰 원목을 반영할 수 있는 방식이다. 계산 방식이 비교적 간단하고, 국제 목재 무역에서 신뢰도 높은 방식으로 인정받고 있다. 껍질을 제거한 실직경 기준으로 측정하는 것이 일반적이다. 단면 모양이 완전히 불규칙한 경우, 정확도에는 다소 한계가 있을 수 있다.

②호퍼스식(Hoppus Measure, Hoppus String Measure)

호퍼스식(Hoppus Measure)는 영국 및 그 이전의 영연방 국가들에서 표준 목재 부피 측정 방식으로 사용되었으며, 현재도 아시아, 아프리카, 남아메리카, 오세아니아 등 일부 국가의 활엽수(hardwood) 거래에서 활용된다.

특징으로는 제재 손실 고려하여 원목을 사각형으로 가공할 때 발생하는 손실을 감안하여 실제 사용 가능한 목재 부피를 추정한다. 아울러, 원목 중간 지점의 둘레를 쿼터 거스(Quarter Girth)라 하며 이 값을 4로 나눠 제곱하여 부피를 계산한다.

이를 입방피트, BF로 각각 표시하면 아래와 같다,

$$V = (\frac{G}{4})^2 \times L \times \frac{1}{144}\ (ft^3)$$

G: 원목의 중간 둘레(inch)

L: 원목의 길이(feet)

V: 입방피트(cubic feet, ft^3)

$$V = (\frac{G}{4})^2 \times L \times \frac{1}{12}\ (BF)$$

G: 원목의 중간 둘레(inch)

L: 원목의 길이(feet)

V: Board Feet(BF)

2.1.3.2 검수

검수(Tally)라 함은 항만운송사업법에 의하면 선적화물을 적하 또는 양하하는 경우에 그 화물의 개수를 계산하거나, 인도·인수의 사실을 입회하여 확인하고 증명하는 업무를 의미한다. 이는 국제무역에 있어 송하주, 수하주, 운반인, 세관원 등 거래 당사자들이 직접 화물의 인수도 현장에 입회하기 어려운 상황에서, 화물 양을 확인해주는 제3자의 역할로 매우 중요하다.

검수는 항만운송사업의 일종으로, 국제간 계약에 따라 운송되는 화물의 인수도 과정을 공정하고 객관적으로 확인하는 절차이다. 이 업무는 공인 검수업체에 의해 수행되며, 전문 검수원은 화물의 적하, 양하, 환적 시 개수를 확인하고 그 결과를 공증적 자료로 남긴다. 검수사(Tally man)은 국가가 인정한 자격을 가진 자로 등록되어 있으며, 전문성과 공정성, 정확성과 신뢰성을 바탕으로 업무를 수행한다.

검수는 포장 단위(box, bag, drum 등)별로 화물의 수량을 세고, 필요 시 포장의 이상 유무를 함께 확인하는 작업이다. 화물의 상태까지 동시에 점검하는 경우도 있으며, 이로 인해 화물 사고나 분쟁 발생 시 책임 소재를 명확히 규명할 수 있다.

검수 후 발행되는 검수표(Tally Sheet)는 검수 결과를 기록한 공식 서류이다. Tally Sheet는 검수사가 적하 및 양하 과정에서 화물의 수량과 상태를 검사하고 그 내용을 문서화한 것으로, 선주, 화주, 하역사 등 관련 당사자에게 중요한 증빙 자료가 된다. 이는 무역 거래 중 발생할 수 있는 분쟁 해결과 책임소재 규명에 있어 중요하다.

검수사(tallyman)은 하역업체 또는 독립 검수회사에 소속되어 있으며, 일정 자격을 갖춘 후 등록된 전문가이다. 숙련된 검수원은 단순 수량 계산뿐 아니라 포장 상태의 이상 여부도 신속하고 정확하게 판단할 수 있는 역량을 갖추고 있다.

검수업은 수출입 화물이 송하주로부터 수하주에게 인도되기까지의 전 과정에서 선적, 양하, 환적 등 모든 화물의 정확한 수량 확인과 상태 점검, 그리고 인수도 증명을 수행하는 전문 업무이다. 검수사는 공정성과 정확성, 객관성을 바탕으로 작성한 검수표를 통해, 화물 사고 발생 시 선박회사 및 하주의 권익을 보호하고, 무역 당사자 간의 분쟁이나 책임 소재를 명확히 구분하고 증명하는 역할을 한다.

2.1.3.3 감정(survey)

감정은 선박 또는 화물의 상태, 가치, 손상 여부 등을 객관적으로 판정하는 절차로, 특히 손상 화물(claim cargo)에 대한 보험 청구나 손해 배상 책임 판단 시 필수적으로 수행된다. 이러한 검정은 주로 선박 현장에서 전문 검사원 혹은 감정인(surveyor)에 의해 이루어지며,

이들은 중립적인 제3자의 입장에서 감정 업무를 수행한다.

감정인(surveyor)은 선박회사, 화주, 보험사, 항만 당국 등 다양한 이해관계자의 요청을 받아 활동하며, 감정 결과는 법적 효력을 지닌 감정서(survey report) 또는 손해보고서(damage report), 적재상태보고서(condition report) 등의 형식으로 제출된다. 감정 결과는 선하증권상의 책임 소재를 규명하거나 보험 보상 산정을 위한 핵심 자료로 활용된다.

감정 업무의 범위는 다음과 같이 다양하다.

선박 또는 화물의 손상 조사
화물의 적재 상태 점검
위험물 취급 실태 확인
액체화물, 곡물, 석탄 등 산적화물(bulk cargo)의 용적 및 중량 확인
냉동 컨테이너와 같은 특수 화물의 기능 이상에 따른 손상 평가 등

감정인은 화물의 용적, 중량, 상태, 품질, 손상의 정도 및 해상손해에 대한 조사, 검사, 사정, 입증 등의 역할을 수행하며, 공정하고 중립적인 입장에서 증명서류를 발급한다. 손상의 정도가 중대한 경우에는 선주 측, 화주 측, P&I 보험사 등에서 각기 지정한 감정인이 공동으로 조사에 참여하기도 한다.

또한 감정인은 사고의 원인과 손해 정도를 분석하여, 분손(partial loss) 및 전손(total loss) 여부를 판단하고, 필요 시 원상복구에 소요되는 비용을 산정하는 업무도 수행한다. 이는 감정인이 단순한 상태 점검자에 그치지 않고, 전문적 기술 지식과 손해사정 능력을 갖춘 해사 전문가임을 보여주는 부분이다. 국제 거래에서는 화물 감정에 있어 제3자의 공정한 입증이 요구되므로, 외국 화주 또는 보험사가 감정인의 보고서(Marine Surveyor's Report)를 요청하는 경우가 많다. 이러한 감정 보고서는 국제적으로도 법적 효력을 갖는 공식 문서로 간주되며, 분쟁 해결을 위한 핵심 증거로 활용된다.

<그림 2-6> 검량, 감정인

2.1.4 운임단위

운임단위(Freight Unit/ Freight basis)는 선박 또는 기타 운송수단으로 화물을 수송할 때, 운임을 산정하기 위한 기초 단위를 의미한다. 해상운송에서는 화물의 종류, 특성, 포장 상태, 운송 조건 등에 따라 운임을 중량, 용적, 가액, 개수, 또는 특정 표준 단위(운임톤) 등을 기준으로 결정한다.

운임단위의 선택은 화주의 비용, 운송인의 수익성, 선적계획, 보험료 등에 직접적인 영향을 미치기 때문에, 정확한 단위 기준의 설정은 국제 물류 계약과 실무에서 매우 중요한 요소이다. 동일한 화물이라도 기준 단위가 다르면 운임 차이가 발생할 수 있다.

가. 중량기준 (Weight Basis)

화물의 실제 중량(ton 또는 kg)을 기준으로 운임을 부과하는 방식으로, 주로 중량이 크고 부피가 작아 선적 공간 효율이 높은 화물에 적용된다. 주로 광석, 금속, 기계류, 곡물 등에 적용된다. 사용되는 단위는 아래의 3가지가 있으나 전통적으로 메트릭톤(metric ton, MT)을 주로 사용한다.

Metric Ton(1,000 kg)
Long Ton(1,016.05 kg, 영국 단위)
Short Ton(907.18 kg, 미국 단위)

화물이 무거워서 보통 1 ㎥가 1톤 이상이 되면, 중량기준의 운임에 적용되는 화물의 톤수는 중량톤(weight ton)이라 불린다. 중량톤(Weight Ton) 기준으로 운임이 산정되는 화물은 무게에 비해 부피가 작고, 밀도가 높으며, 중량화물(weight cargo)이라 불린다.

나. 용적기준 (Measurement Basis)

화물의 부피(용적, volume)를 기준으로 운임을 산정하며, 주로 부피는 크지만 무게가 가벼운 화물에 적용된다. 사용 예로서는 가구, 이불, 완구, 포장박스 등이 해당된다. 사용하는 단위는 아래와 같다.

Cubic Meter(m^3)
Cubic Foot(ft^3)

화물이 가벼워서 화물부피(화물틈:broken space 포함) 1 ㎥가 1톤 미달하면 용적기준의 운임에 적용되는 화물의 톤수는 용적톤(measurement ton)이라 불린다. 용적톤(Measurement Ton) 기준으로 운임이 산정되는 화물은 부피에 비해 무게가 작고, 밀도가 낮으며, 용적화물(measurement cargo)이라 불린다.

다. 운임톤 (Revenue Ton)

운임톤(Freight Ton, Revenue Ton)은 해상운송에서 화물의 운임을 산정할 때 사용하는 기준 단위로, 중량 1톤(1,000 kg)과 용적 1세제곱미터(1 ㎥) 중 더 큰 쪽을 적용하여 운임을 계산하는 방식이다. 이 제도는 화물의 종류나 형태에 따라 발생할 수 있는 적재 효율의 차이를 보완하고, 운송인의 공간 활용과 수익성을 보장하기 위해 도입되었다. 예를 들어, 중량이 800 kg이고 부피가 2.5 ㎥인 화물의 경우, 중량 기준으로는 0.8톤이지만 용적 기준으로는 2.5톤이 되므로, 운임은 2.5 운임톤 기준으로 청구된다.

<표 2-3> 중량톤, 용적톤, 운임톤 비교

구분	정의	단위	적용대상
중량톤 (Weight Ton)	중량을 기준으로 한 운임 단위	1000 kg = 1 ton	무겁고, 부피가 작은 화물(금속,기계류)
용적톤 (Measurement Ton)	부피를 기준으로 한 운임 단위	1 ㎥ = 1 ton	가볍고 부피가 큰 화물(가구, 가전..등)
운임톤 (Revenue Ton)	중량톤과 용적톤 중 큰 쪽을 적용한 운임기준	max(중량톤,용적톤)	대부분 일반화물

라. 종가 및 개수 기준

종가기준 운임단위는 화물의 가액을 기준으로 운임을 산정하는 방식으로, 고가품이나 귀중품 운송 시 주로 사용된다. 이 방식은 화물의 금전적 가치에 따라 위험부담이 크기 때문에, 운송인 입장에서는 운임 외에도 위험관리 비용이 반영된 금액을 청구하게 된다. 종가 운임은 일반적으로 "화물 가치의 일정 비율"로 계산되며, 운송 중 분실이나 파손 발생 시 책임 한도도 화물가액에 따라 결정되는 경우가 많다.

개수기준 운임단위는 화물의 개수, 단위 수량, 포장 수량 등을 기준으로 운임을 산정하는 방식으로, 단위당 부피나 중량보다는 개별 수량에 집중하는 경우에 사용된다. 주로 자동차, 기계, 가전제품처럼 단위별로 독립된 상품 가치와 형태를 갖는 화물에 적용되며, “1대당”, “1박스당”, “1컨테이너당”과 같은 표현으로 운임이 책정된다. 이 방식은 부피나 중량이 일정하지 않은 화물에도 적용이 가능하며, 계약 시 단가 산정이 단순하고 명확하다는 장점이 있다.

2.1.5 선박적화 능력

2.1.5.1 톤수 제도

선박의 톤수는 선박의 크기와 적재 능력, 항해 목적 등을 나타내는 핵심적인 지표로 작용한다. 톤수는 크게 중량톤과 용적톤으로 나뉘며, 각각의 톤수는 선박의 물리적 성격과 운항 능력을 반영한다.

가. 중량톤(Weight Ton)

중량톤은 선박이 적재하거나 자체적으로 가지는 무게에 따라 구분된다.

① 만재배수량(Full Load Displacement)은 선박이 화물, 연료, 식수, 승무원 등 모든 것을 만재한 상태에서의 총 무게를 나타낸다. 이 수치는 선박이 바다에 떠 있을 때 밀어내는 물의 무게와 동일하며, 선박이 최대로 화물을 실은 상태에서의 배 자체의 최대 무게를 나타낸다.

② 경하배수량(Light Displacement)은 선박이 화물이나 연료를 싣지 않은 상태, 즉 건조 직후 가장 가벼운 상태에서의 무게를 의미한다. 이는 선박 구조물과 기본 장비만으로 구성된 무게로 정의된다.

③ 재화중량톤(Deadweight Tonnage, DWT)은 만재배수량에서 경하배수량을 뺀 값으로, 선박이 실을 수 있는 최대 적재 무게를 나타낸다. 이에는 화물뿐만 아니라 연료, 식수, 승무원, 여객 등이 포함된다.

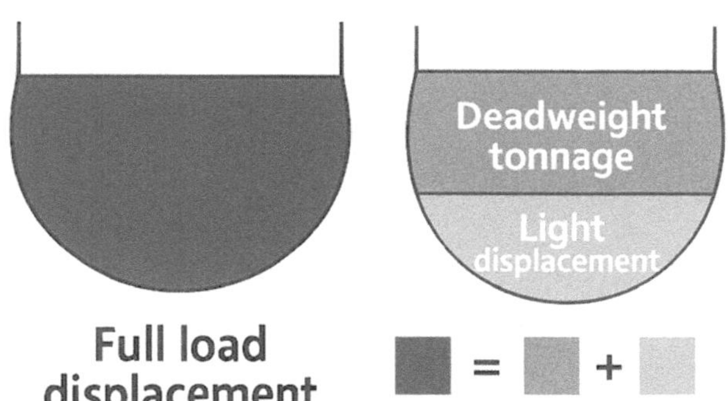

<그림 2-7> 만재 배수톤 구성

나. 용적톤(Measurement Ton)

용적톤은 선박 내부 공간의 부피를 기준으로 계산하며, 선박의 크기와 실질적인 운송 공간을 판단하는 기준이 된다.

① 총톤수는 선박의 전체 밀폐된 공간의 총 부피를 기준으로 계산하는 용적톤의 대표적인 지표이다. 1982년 국제톤수측정협약(ITC: International Tonnage Convention)에 따라 도입된 이 방식은 이전의 GRT(Gross Register Tonnage)를 대체하며, 선박의 크기를 규제 목적 및 행정적 기준에서 표준화하는 데 사용된다. 총톤수는 선박의 세금, 항만료, 선박검사 범위, 안전 설비 기준 등을 결정하는 행정적 기준으로 널리 사용된다.
총톤수는 선박의 운항 능력이나 화물 적재력과는 무관하며, 선박 전체의 크기와 구조적인 공간만을 반영한다. 따라서 외형상 큰 여객선이나 대형 유조선이 높은 GT 값을 가지게 된다.

② 순톤수는 선박 내부 중 화물이나 여객을 운송할 수 있는 공간의 용적을 기준으로 하는 지표이다. 총톤수에서 선박 운항에 필요한 공간(기관실, 승무원 공간 등)을 제외한 후의 부피를 계산하며, 이는 실질적인 상업적 활용 공간을 나타낸다. 순톤수는 다음과 같은 상황에 활용된다. 항만 이용료나 도선료의 산정 기준, 국제 운송 시 수익성과 실질 운항 능력 비교, 해운회사 간 운임 계약서나 운송 조건 명시

③ 표준화물 환산톤수(CGT:Compensated Gross Tonnage)는 선박 건조에 소요되는 작업량(workload)을 기준으로, 선박 유형별 건조 난이도를 반영하여 선박의 총톤수(GT)에 선박 종류와 크기에 따른 보정 계수(coefficient)를 곱하여 계산된다. 이러한 보정은 선박의 설계 복잡성, 내부 구조, 요구되는 세부 사항 등을 반영할 수 있게 한다.
주로 조선 산업에서 사용되며, 실제 생산량과 생산성 평가에 사용되는 기술적 기준이다. CGT는 2007년 OECD의 승인으로 아래의 산식으로 시행되었다.

$$CGT = A \times GT^{B}$$

여기서,

A, B는 선종과 크기 따른 보정계수

GT: 총톤수

예를 들어, 위와 같은 식을 적용하게 되면 CGT는 아래와 같이, 선종 및 선박 총톤수에 따라 각기 다른 계수가 총톤수에 곱하는 형태가 된다. 아래 수식에서 사용된 계수는 정확한 값이 아닌 예를 들어 표현한 계수이다.

유조선: G/T × 1.0
컨테이너선: G/T × 1.3
여객선: G/T × 2.2
LNG선: G/T × 3.0

즉, 동일한 총톤수를 가진 선박이라도 복잡한 설계와 고도의 기술이 필요한 선박일수록 CGT가 높게 산정된다.
CGT는 선박건조 통계 등에 많이 사용되는데, 국가 간 조선 산업 비교, 조선소별 생산성 평가, 연간 수주량과 실적 평가 지표, 국제 조선통계 집계 등에 활용된다.

이와 같이 톤수 제도는 선박의 물리적 크기뿐 아니라 실제 적재 능력과 경제적 가치까지도 포괄적으로 판단할 수 있는 지표로 활용된다. 따라서 선박 설계, 건조, 운항, 행정 처리에 이르기까지 톤수에 대한 이해가 필요하다.

Ship type	A	B
Oil tankers (double hull)	48	0.57
Chemical tankers	84	0.55
Bulk carriers	29	0.61
Combined carriers	33	0.62
General cargo ships	27	0.64
Reefers	27	0.68
Full container	19	0.68
Ro ro vessels	32	0.63
Car carriers	15	0.70
LPG carriers	62	0.57
LNG carriers	32	0.68
Ferries	20	0.71
Passenger ships	49	0.67
Fishing vessels	24	0.71
NCCV	46	0.62

<그림 2-7> CGT 산정 A, B 계수값

2.1.5.2 적화용적

적화용적은 선박 화물창 내부에 화물을 적재할 수 있는 총 부피를 의미하며, 화물의 종류에 따라 두 가지 방식으로 구분된다. 통상 선박의 화물창에는 산적화물(예: 곡물, 석탄 등)을 적재할 때 사용하는 Grain Capacity, 그리고 포장화물이나 일반화물을 적재할 때 적용되는 Bale Capacity 두 종류의 적화용적을 사용한다. 선박 설계 단계에서 측정되며, 단위는 세제곱미터(m^3) 또는 입방피트(ft^3)로 나타낸다.

가. Grain Capacity

Grain Capacity는 곡물이나 석탄, 광물 등과 같은 산적화물 화물을 선창에 빈틈없이 가득 실을 수 있을 때 적용되는 용적이다. 이때는 늑골이나 내장판 사이의 구조물 공간까지 화물이 채워지기 때문에, 선창 내의 거의 모든 공간을 활용할 수 있다.

용적은 선측외판(Shell Plate)의 안쪽 면부터 내저판(Tank Top), 내장판(Bottom Ceiling)의 상면, 그리고 갑판 하부면까지를 기준으로 측정한다. 화물창의 상부는 Hatch Beam의 윗면까지를 포함하되, 내측에서 돌출된 구조물은 제외된다. 실제 용적 계산 시에는 선박 내부의 프레임, 기둥, 보강재 등의 구조물이 차지하는 공간을 고려하여 약 0.5% 정도를 차감하여 산출한다.

나. Bale Capacity

Bale Capacity는 선창 내 포장화물이나 딱딱한 화물을 적재할 때 적용되는 유효 용적으로, 구조물로 인해 생기는 사각 공간은 화물 적재에 포함되지 않는다. Beam(가로보), Frame(뼈대), 기둥, 보강재 등으로 인해 생긴 빈 공간은 사용하지 않으므로 Grain Capacity에 비해 상대적으로 적다. 일반적으로 Bale Capacity는 Grain Capacity의 약 90~93% 수준이다.

Bale Capacity는 선창 내부의 평탄한 면들을 기준으로 측정하며, 다음과 같은 요소를 포함한다:

높이: 선창 중앙에서 양쪽의 Cargo Bottom 내측 간 거리
폭: Bottom Ceiling 상면에서 Beam 하면까지의 수직 거리
길이: 선창의 실내 길이

이렇게 측정된 수치를 곱하여 계산한 결과가 사용된다. 그림과 도표에서 보는 바와 같이 선박의 각 화물창별로 적화용적을 미리 계산하여 선박에 제공한다.

<표 2-4> Capacity Plan

NO.	TANK NAME	POSITION (Fr.Num.)	V_{Net} (m^3)	V_{Bale} (m^3)	L.C.G. (m)	T.C.G. (m)	V.C.G. (m)	$Ix_{Max.}$ (m^4)
TWEENDECK OPEN		Reduction=0.005						
1	NO.1 CARGO HOLD	175-210	8523.7	8211.6	150.85	0.0	8.75	26597.0
2	NO.2 CARGO HOLD	141-176	9878.6	9601.7	124.44	0.0	8.95	36517.7
3	NO.3 CARGO HOLD	107-142	9902.6	9601.7	97.28	0.0	8.95	36527.9
4	NO.4 CARGO HOLD	73-108	9902.6	9601.7	70.08	0.0	8.95	36528.0
5	NO.5 CARGO HOLD	41-74	9259.3	9064.3	43.57	0.0	9.17	34979.2
			47466.8	46081.0	96.40	0.0	8.96	

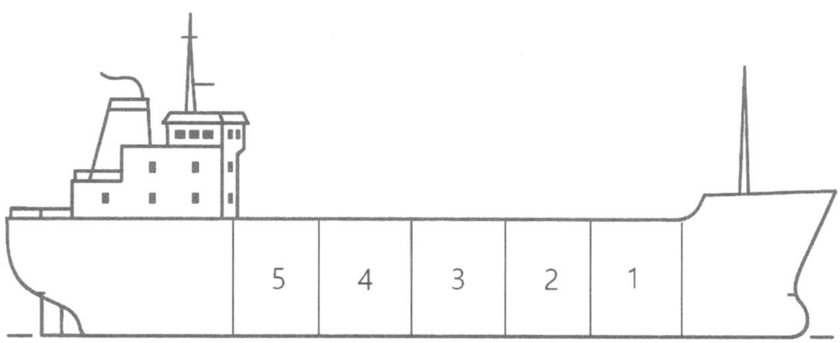

<그림 2-8> 선박 화물창 번호

다. 화물 틈(Broken Stowage, Broken Space)

선박에 화물을 적재할 때, 화물창 내부 공간을 100% 채우는 것은 현실적으로 거의 불가능하다. 그 이유는 화물의 형태, 포장 방식, 그리고 선창 구조물들에 의해 자연스럽게 빈 공간이 생기기 때문이다. 이러한 실제 적재 불가능한 공간을 통틀어 화물틈(Broken Stowage), 또는 일본에서는 Broken Space라고도 부른다. 화물 틈은 단순한 낭비 공간이 아니라, 적화용적(Grain Capacity, Bale Capacity)과 실제 적재 가능 부피 사이의 차이를 설명하는 중요한 개념이다. 수식으로 표현하면 적화용적(Vb) 기준으로 실제 적재된 화물의 총부피를 사용하여 다음 식과 같이 표현된다.

$$Broken\,stowage\,ratio = \frac{V_b - V_c}{V_b} \times 100\ (\%)$$

V_b: Bale Capacity(선창 내 구조물 돌출부를 제외한 유효 적재 용적, ㎥)

V_c: 실제 적재된 화물의 총 부피(Actual cargo volume stowed, ㎥)

화물 틈 비율을 화물 형태와 종류에 따라 그 비율은 달라지며 이 비율의 크기에 따라 실제 선적되는 화물의 무게가 결정된다. 실제 선박의 화물창별로 기재된 적화용적에서 화물틈 비율 만큼의 공간을 차감하고 선적 계획을 세워야 한다.

① Broken Stowage가 발생하는 주요 원인

- 화물의 모양과 크기의 제약

기계류, 차량, 산업용 장비 등과 같이 불규칙하거나 돌출부가 있는 화물은 선창 벽면에 밀착하여 적재하기 어렵다. 이러한 화물은 규칙적인 적재 패턴을 따르기 힘들기 때문에, 자연스럽게 주변에 빈 공간이 발생하게 된다.

- 선창 구조물의 간섭

선박 내부의 늑골, 빔, 기둥, 사다리 등 구조물은 적재 공간을 나누어 활용도를 낮춘다. 특히 곡면 선체나 갑판 하부의 돌출 구조는 화물의 정렬을 방해한다

- 화물 고정을 위한 완충재 사용

화물 고정을 위한 더니지(Dunnage)나 보조재는 추가 공간을 차지해 적재 효율을 떨어뜨린다.

② 적화 용적과의 관계

선박의 적화용적은 통상 Grain Capacity와 Bale Capacity로 구분된다. Grain Capacity는 곡물이나 광물처럼 흐르는 산적화물을 기준으로 하며, 선창의 구조물 틈까지 비교적 잘 채워진다. 그러나 Bale Capacity는 규격화된 포장화물 중심으로, 구조물 사이의 공간은 활용되지 않으므로 전체 부피의 약 90~93% 수준에 불과하다. 이 차이의 대부분은 Broken Space로 인해 발생한다. 즉, Broken Stowage는 Bale Capacity를 줄이는 가장 핵심적인 요인이며, 실제 운송 효율을 좌우한다.

③ Broken Stowage를 줄이기 위한 방안

정밀한 적재 계획 수립이 요구된다. 화물의 크기, 형상, 수량을 기준으로 최적의 적재 배치 계획을 수립하여 공간 낭비를 최소화할 필요가 있다. 또한 규격화된 포장 사용 장려하여, 동일 규격의 화물 단위로 적재함으로써 선창 내 효율적인 공간 분할이 가능하도록 노력해야 한다.

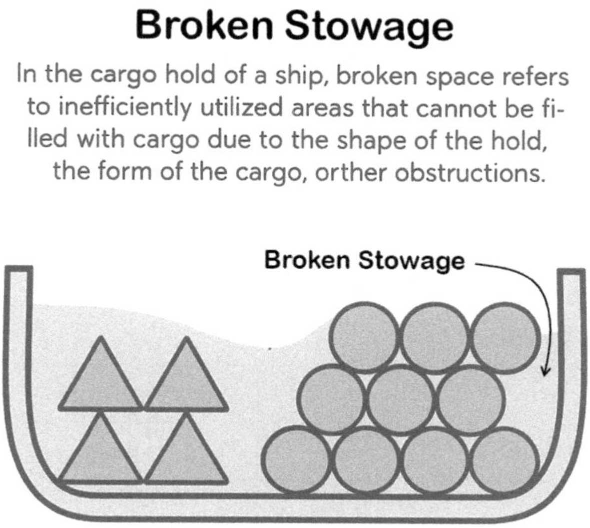

<그림 2-9> 화물틈(Broken stowage)

라. 적화계수(Stowage Factor, SF)

적화 계수(Stowage Factor)는 화물 1미터톤(1,000 ㎏)이 선박의 화물창에서 얼마만큼의 부피를 차지하는지를 수치로 나타낸 것이다. 선박에 화물을 실을 때 공간 활용도를 판단하는 기준이 되며, 세제곱미터/미터톤(m^3/mt) 혹은 세제곱피트/톤(ft^3/ton) 단위로 사용된다.

화물의 부피와 밀도는 매우 다양하기 때문에, 같은 무게의 화물이라 하더라도 필요한 공간은 달라질 수밖에 없다. 예를 들어 철광석은 작고 무거워 적은 공간에 많은 무게가 실리지만, 면화나 목재와 같은 가벼운 화물은 부피가 커 더 넓은 공간을 차지하게 된다. 이러한 특성 때문에, 적화 계수는 공간 기준으로 화물의 경제성을 평가하는 데 매우 중요한 지표로 활용된다.

적화 계수는 다음과 같이 계산된다.

$$Stowage\ Factor(S/F) = \frac{화물부피(m^3, ft^3)}{화물무게(MT, LT)}$$

예를 들어, 1톤의 화물이 1.5세제곱미터의 공간을 차지한다면, 이 화물의 적화 계수는 1.5 ㎥/mt이다. 다른 방식으로, 미국식 단위를 사용할 경우에는 부피를 세제곱피트(ft^3)로, 무게를 롱톤(1롱톤 = 2,240파운드) 단위로 하여 계산한다.

적화 계수가 낮을수록 밀도가 높고 부피가 작은 화물이며, 계수가 높을수록 부피는 크지만 상대적으로 가벼운 화물임을 의미한다.

적화계수를 활용하여 화물의 적재가능 무게를 계산할 수 있다. 통상 적화계수에 화물틈이 포함되어 있지 않은 경우가 있으니, 화물이 실제 선창에서 차지하는 공간을 계산할 때는 화물 틈에 대한 고려를 추가적으로 할 필요가 있다. 그렇지 않으면 의도한 화물을 못 싣는 경우도 발생할 수 있다.

<표 2-5> 다양한 화물 적화계수

화물명	화물명	Stowage Factor (cbft/ton) Bulk / Bagged	Stowage Factor (cbmter/ton) Bulk / Bagged
Aluminium Ingots	알루미늄 주괴	31	0.86
Anthracite	무연탄	40-47	1.11-1.31
Beans	콩, 옥수수, 보리	47-56 / 52-60	1.31-1.56 / 1.45-1.68
Cement	시멘트	22-27 / 23-28	0.61-0.75 / 0.64-0.78
Charcoal	숯	95	2.64
Coal	석탄	38-50	1.06-1.39
Coffee	커피	60-70	1.67-1.95
Cotton	목화	60-130	1.67-3.63
Iron Ore	철광석	19	0.53
Peanuts	땅콩	116	3.24
Rice - White (Polished)	백미	50-52	1.39-1.45
Salt	소금	30-40	0.84-1.11
Sugar	설탕	40-43 / 48-53	1.11-1.19 / 1.33-1.47
Wheat	밀	44-49 / 47-52	1.22-1.36 / 1.31-1.47

▼ 예제 1

한 화물창의 Bale Capacity는 1,200 m^3이고, 여기에 총 600미터톤(mt)의 상자형 화물이 적재되었다. 이 상자화물의 Stowage Factor(SF)를 구하시오.

▽ 풀이

$$SF = \frac{화물부피}{화물중량} = \frac{V}{W} = \frac{1200}{600} = 2\,m^3/MT$$

▼ 예제 2

상기 도표의 Capacity Plan에 해당하는 선박 화물창 1번에 숯을 벌크 상태로 가득 적재한다고 가정하면 몇 톤이나 실을 수 있을까?

▽ 풀이

화물창 1번의 적화용적: $Vg = 8523.7\ m^3$

숯의 $SF = 2.64\ m^3/MT$

적재량 = 적화용적 / SF

$= 8523.7/2.64 = 3228.7\ MT$

▼ 예제 3

화물에 대한 정보가 다음과 같을 때 화물창에 차지하는 실제 부피를 구하라

화물 중량: 250톤, 적화계수(SF): 1.8 m^3/톤, 화물 틈(Broken Stowage): 5%

▽ 풀이

화물부피 = SF × 화물중량 = 1.8 × 250 = 450 m^3

화물틈을 고려한 선창내 실제 부피

화물부피 = 화물부피 + 화물부피 × 화물틈비율 = 450 + 450 × 5% = 472.5 m^3

2.2 하역설비

하역설비는 선박에서 화물을 싣거나 내릴 때 사용하는 다양한 기계적 장치를 의미한다. 하역 설비의 종류와 성능은 선박의 효율적인 운영과 안전에 큰 영향을 준다. 선종에 따라 다른 장비가 사용되며, 현대 상선에서는 자동화된 시스템도 점차 보편화되고 있다.

2.2.1 하역설비

가. 데릭(Derricks)

데릭은 전통적인 방식의 하역장비로, 주로 선박의 마스트에 설치된다. 붐(boom)과 와이어로 구성되며, 트윈 데릭 방식의 경우 두 개의 붐을 교차 연결해 화물 이동을 수행한다. 현대에는 크레인에 비해 사용 비중이 줄어들었지만, 특정 선박에서는 여전히 운용된다.

① 데릭의 주요 구성 요소
데릭 포스트(Derrick Post): 선박의 갑판에 수직으로 세워진 기둥으로, 붐을 지지
데릭 붐(Derrick Boom): 데릭 포스트에 부착되어 화물을 들어 올리거나 내리는 팔 역할
윈치(Winch): 와이어 로프를 감거나 풀어 붐과 화물을 이동시키는 장치
와이어 로프(Wire Rope): 붐과 화물을 연결하여 힘을 전달하는 강철 로프

② 데릭 사용 시 고려 사항
안전성: 데릭의 구조와 와이어 로프의 상태를 정기적으로 점검하여 안전성을 확보
조작 숙련도: 데릭은 조작이 복잡하므로, 숙련된 인력이 필요
작업 환경: 날씨나 해상 상태에 따라 데릭의 사용이 제한될 수 있으므로, 작업 전에 환경 조건을 충분히 고려

나. 크레인 (Cranes)

크레인은 선박이나 항만에서 화물의 상하이동을 위해 사용되는 대표적인 하역 장비이다. 선박에 탑재된 선측 크레인(ship's crane)은 주로 벌크선이나 컨테이너선에 장착된다. 자체 동력으로 회전하며 리프팅, 스윙, 트래블 동작을 조합해 하역 작업을 수행한다. 다양한 종류와 기능을 가진 크레인은 선박의 종류와 작업 환경에 따라 적절하게 선택되어 사용된다.

<그림 2-10> 데릭과 크레인

① 구성요소

붐(Boom): 화물을 들어 올리거나 내릴 때 사용하는 팔 부분이며, 길이와 각도가 조절 가능

윈치(Winch): 와이어 로프를 감거나 풀어 화물을 이동시키는 장치

지지 구조(Support Structure): 크레인의 전체 구조를 지지하며 선박이나 지면에 고정

조종실(Control Cabin): 크레인 운전자가 탑승하여 모든 동작을 제어하는 공간

② 종류와 특징

지브 크레인(Jib Crane): 고정된 위치에서 붐을 회전시켜 화물을 이동시키는 크레인으로, 소형 선박이나 제한된 공간에서 주로 사용

갠트리 크레인(Gantry Crane): 레일을 따라 수평 이동하며 대형 화물을 처리할 수 있는 크레인으로, 주로 컨테이너 터미널에서 사용되며, 다리 구조에 따라 단다리형과 복다리형으로 나뉨

모바일 하버 크레인(Mobile Harbor Crane): 바퀴가 장착되어 항만 내에서 자유롭게 이동하며 다양한 종류의 화물을 처리할 수 있는 크레인

해상 크레인(Floating Crane): 부선 위에 설치되어 해상에서 직접 화물을 하역할 수 있는 구조이며, 해양 구조물 설치나 특수 화물 하역에 사용

③ 크레인 사용시 주의사항

데릭 및 크레인과 관련된 용어 중 안전사용 하중, 제한하중 (Safe Working Load, SWL)이

있다. SWL은 장비가 안전하게 들어올릴 수 있는 최대 하중을 의미한다. 설계 기준에 따라 SWL은 시험 하중(Test Load)의 일정 비율로 설정되며, 일반적으로 안전계수(Safety Factor)는 4~6 정도로 설정된다. 예를 들어, 20톤의 SWL을 가진 장비는 80톤의 시험하중을 견디도록 설계된다. 안전사용하중은 장비가 정상적인 조건에서 지속적으로 사용할 수 있는 최대 하중이다. 이 값을 초과하면 구조 손상이나 작업자 안전 위협이 발생할 수 있으므로, 절대 초과해서는 안 된다.

예를 들면, 어떤 크레인의 SWL이 10톤이라면, 이 크레인은 최대 10톤까지의 하중을 안전하게 들어올릴 수 있다. 그러나 구조적으로는 10톤보다 훨씬 더 높은 하중을 견딜 수 있게 설계된다.

이와 함께 안전계수는 장비가 파손 없이 견딜 수 있는 최대 하중(파단 하중)과 SWL의 비율이다. 즉, 실제로는 SWL보다 훨씬 더 큰 하중에도 견딜 수 있도록 설계되어 있다.

$$\text{안전계수}(SF) = \frac{\text{파단하중}(breaking\,Load)}{SWL}$$

안전계수의 일반적인 값은 아래와 같다.

강철 와이어 로프: 4~6
체인 슬링, 고정 장비 등: 5 이상
인명 구조용 장비: 최소 7 이상

또한 장비가 실제로 작동 가능한지 검사하기 위해 일시적으로 가하는 하중을 시험하중이라 한다. 국내 선박안전법령에서 SWL의 크기별로 시험하중값을 설정하며, 장비의 구조적 건전성을 확인하는 데 사용된다.

<표 2-6> 데릭장치의 안전계수(선박안전법 시행규칙)

구분		안전계수
금속구조부	제한하중이 10톤 이하인 것	5
	제한하중이 10톤을 넘는 것	4
목구조부		8
와이어로프		5

<표 2-7> 하역설비에 관한 제한하중 기준(선박안전법 시행규칙)

제한하중	시험하중
20톤 미만	제한하중의 1.25배의 하중
20톤 이상 50톤 미만	제한하중에 5톤을 가한 하중
50톤 이상 100톤 미만	제한하중의 1.1배의 하중
100톤 이상	해양수산부장관이 적당하다고 인정하는 하중

<표 2-8> 제한하중, 시험하중, 안전계수

항목	의미	예)
SWL	안전하게 사용하는 최대 하중	10톤
시험 하중	성능 점검시 가해지는 일시적 하중	11.25톤(SWL의 1.25배)
안전계수	파단하중 대비 SWL 비율	40-50톤(계수 4-5)

다. 공기식 양하기 (Pneumatic Discharge)

공기식 양하기는 공압, 즉 공기 압력을 이용하여 벌크 화물을 이송하는 시스템이다. 주로 시멘트, 곡물, 분말 화학물질 등과 같은 미세한 입자의 분말 형태 화물을 효율적으로 처리하는 데 사용된다. 이 시스템은 관로를 통해 화물을 흡입하거나 밀어내는 구조로 설계되어 있으며, 먼지 발생이 적고 높은 효율성을 제공한다.

이 시스템은 압축 공기를 이용하여 관로 내에 화물을 부유 상태로 만들어 이송한다. 이 과정에서 화물은 공기와 혼합되어 희석상 또는 조밀상 형태로 이동한다. 희석상 이송은 고속 저압으로, 조밀상 이송은 저속 고압으로 화물을 밀어내는 방식이다.

<그림 2-11> 공기식 양하기

<그림 2-12> 갠트리 크레인

라. 쉽 언로더 (Ship Unloader)

쉽 언로더는 항만에서 선박에 실린 대량의 벌크 화물을 육상 설비로 하역하는 데 사용되는 대형 장비이다. 석탄, 곡물, 시멘트, 광물 등과 같은 건화물을 주로 처리하며, 대부분 자동화 시스템으로 운영된다. 특히 현대 항만에서는 하역 효율성과 작업자의 안전을 동시에 확보하기 위해 다양한 형태의 언로더가 사용된다.

쉽 언로더는 버킷 엘리베이터(bucket elevator)와 벨트 컨베이어(belt conveyor)를 조합한 시스템이 일반적이다. 버킷 엘리베이터는 일정 간격으로 연결된 버킷들이 연속적으로 움직이며 선박 내부에서 화물을 퍼올리는 역할을 한다. 퍼올려진 화물은 상단에서 벨트 컨베이어로 이송되어 육상 또는 저장 설비로 운반된다.

마. 갠트리 크레인 (Gantry Crane)

갠트리 크레인은 항만 물류에서 대형 컨테이너를 안전하고 신속하게 하역하기 위해 사용하는 대표적인 중장비이다. 주로 컨테이너 터미널에서 사용되며, 거대한 프레임 구조물과 이동 레일을 기반으로 하여 선박의 갑판 위에서 직접 컨테이너를 들어 올리는 작업을 수행한다.

갠트리 크레인은 기본적으로 두 개 이상의 수직 지지 구조(레그)와, 이를 연결하는 수평 빔(빔 또는 트러스), 그리고 수평 빔을 따라 움직이는 트롤리(trolley)로 구성된다. 트롤리는 리프팅 장치를 포함하고 있으며, 스프레더(spreader)라는 특수한 집게 구조를 통해 컨테이너의 네 모서리에 체결하여 들어 올릴 수 있다.

이 크레인은 선박의 측면에 정렬된 레일 위를 따라 좌우로 움직이면서 선박 내 여러 컨테이너를 효율적으로 처리할 수 있으며, 트롤리는 수평 빔을 따라 앞뒤로 이동하면서 선내 혹은 부두 쪽으로 컨테이너를 옮긴다. 일부 고급 모델에는 붐(boom)을 앞뒤로 접거나 펼 수 있는 기능도 탑재되어 있어 다양한 선박에 유연하게 대응할 수 있다.

갠트리 크레인은 전 세계 거의 모든 주요 컨테이너 항만에서 필수적으로 운용되고 있다. 예를 들어, 부산항, 광양항, 싱가포르 항, 로테르담 항 등에서는 수십 대의 갠트리 크레인이 24시간 가동되어 고속 하역 작업을 수행하고 있다.

갠트리 크레인에는 스프레더 (Spreader)가 있는데, 이는 컨테이너를 들어올리는 데 사용되는 장치로, 컨테이너의 네 코너에 위치한 락킹 장치와 결합된다. 크레인에 부착되어 수평을 유지하며 하역이 가능하다. 20피트, 40피트 등 컨테이너 규격에 맞춰 조절 가능한 장치가 많다.

바. 그랩 버킷 (Grab Buckets)

그랩 버킷은 석탄, 곡물, 광물 등 벌크 화물을 집어 올리는 데 사용된다. 화물 특성에 따라 다양한 형태로 제작된다. 집는 형태와 담아 운반하는 기능을 동시에 수행한다.

<그림 2-13> 그랩 버킷

2.2.2 해치

해치(hatch)는 선박의 갑판(deck) 위에 설치된 개구부로, 화물창(cargo hold) 또는 선내 구획과 외부 공간을 연결하는 입구의 역할을 한다. 이 구조물은 선박의 화물 적재와 하역, 내부 공간 접근 및 통풍 등을 가능하게 하며, 대부분의 선박에서 필수적으로 설치된다. 해치는 일반적으로 해치 커버(hatch cover)와 해치 코밍(hatch coaming)으로 구성되며, 항해 중에는 외부로부터의 물 유입을 방지하는 수밀성(weathertightness)을 확보하는 것이 중요하다.

구성 요소로는 아래와 같다.

해치 웨이(hatchway) - 해치 개구부 자체로, 갑판 위의 통로 또는 개방 공간

해치 커버(hatch cover) - 해치 웨이를 덮는 구조물로, 다양한 방식으로 개폐 가능. 항해 중 수밀성 유지가 요구되며, 고정식 또는 가동식으로 설계되었다.

해치 코밍(hatch coaming) - 해치 웨이 둘레에 설치된 수직 벽으로, 커버의 지지 역할과 수밀성 확보 기능을 겸한다.

2.2.2.1 해치커버와 해치코밍

가. 해치 커버(Hatch cover)

해치 커버는 선박 갑판에 설치된 해치 웨이(hatchway)를 덮는 구조물로, 화물창을 외부 환경으로부터 보호하고 수밀성을 유지하는 역할을 한다. 항해 중 해상이나 기상 조건으로부터 화물의 손상을 방지하기 위해, 해치 커버는 반드시 기상 밀폐(weathertight) 상태를 유지해야 하며, 강도와 내구성이 확보된 구조로 설계되어야 한다. 해치 커버는 선박의 운항 목적, 선형 및 선종에 따라 다양한 형식으로 구성되며, 대표적인 유형으로는 포톤 타입(pontoon type), 폴딩 타입(folding type), 슬라이딩 또는 롤링 타입(sliding/rolling type), 램프 타입(ramp type) 등이 있다. 해치 커버는 수동 또는 유압 장치로 개폐되며, 해치 코밍 위에 밀착하여 고정되기 때문에 이음부의 수밀 패킹, 클램프, 록킹 시스템 등 부속 장치들의 기능이 매우 중요하다. 설계 시에는 해치 위에 작용하는 파랑 하중, 충격, 보행 또는 차량 통행 하중 등을 고려하며, 국제 규정에 따라 허용 하중 및 구조적 강도 기준이 설정된다. 해치 커버는 선박 하역 작업의 효율성에도 직접적인 영향을 미치므로, 설계뿐 아니라 유지보수 관점에서도 정기적인 점검과 관리가 필요하다.

나. 해치코밍 (Hatch Coaming)

해치 주변에 수직으로 솟은 테두리 구조를 말한다. 해치코밍은 물의 침입을 방지하기 위한 구조적 장벽으로서, 해치 커버가 정확히 밀폐되도록 도와준다. 또한 해치커버의 잠금장치와 패킹이 제대로 작동하기 위한 기초 구조이기도 하다.

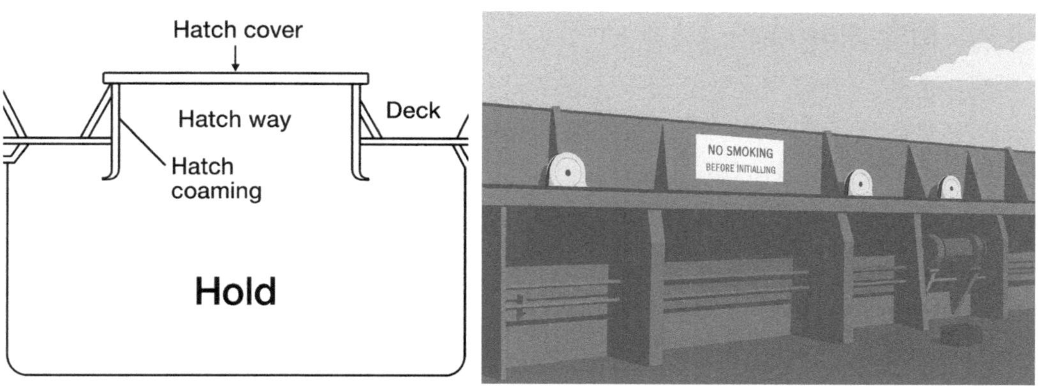

<그림 2-14> Hatch 구조

국제만재흘수선협약(International Convention on Load Lines, ICLL)은 선박의 안전한 흘수와 복원성을 보장하기 위해 해치 코밍(hatch coaming)에 대한 최소높이, 구조적요건, 설계하중 등에 대한 구체적인 규정을 두고 있다. 해치 코밍은 커버 하중의 일부를 지지하며, 파도나 빗물이 직접 해치 내부로 유입되지 않도록 1차 차단벽 역할을 수행한다. 또한 구조적으로는 선체의 강도 보강에도 기여하며, 클램프, 힌지, 가스켓 등 해치 커버와 관련된 부품들이 부착되는 기초 구조로서 기능한다. 해치 코밍은 녹, 마모, 충격 등에 의해 손상될 수 있으므로 정기적인 유지보수가 필요하며, 해치 커버와 함께 검사 및 점검 대상에 포함된다.

이러한 규정들은 선박의 안전 운항과 화물 보호를 위한 필수 요소로, 선박 설계 및 운항 시 반드시 준수되어야 한다.

다. 수밀 검사 방법

선박의 해치 커버는 항해 중 파도, 우천, 외부 압력 등에 노출되므로 수밀성이 무엇보다 중요하다. 다음은 일반적으로 사용되는 수밀 검사 방법이다.

▷ 분필 검사 (Chalk Test)

해치 커버 접촉면에 분필을 고르게 바른 후, 커버를 닫고 다시 열어 분필의 상태를 확인하는 방식이다. 단순하지만 효과적인 접촉 확인법이다.

▷ 호스 테스트 (Hose Test)

고압 호스를 이용하여 해치 커버 외부에 물을 분사하고, 내부로 물이 침투하는지 여부를 관찰하는 방식이다. 실질적인 수밀 확인이 가능하나, 화물이 적재되지 않은 상태에서 수행해야 한다.

2.2.2.2 해치 커버 종류

해치 커버는 선박의 화물창을 덮어 외부로부터의 침수나 오염을 방지하고, 안전한 항해를 가능하게 하는 중요한 구조물이다. 특히 벌크선, 일반화물선, 컨테이너선 등에서는 해치 커버의 구조와 수밀성 확보가 화물 보호와 선박 안전에 직접적으로 연결된다. 해치 커버는 선종 및 운항 조건, 화물의 특성에 따라 다양한 방식으로 설계된다. 주요 유형은 다음과 같다.

가. Pontoon Type

Pontoon Type 해치 커버는 주로 컨테이너선이나 일반 화물선에서 사용되는 구조이다. 이 방식은 하나의 대형 해치 커버 대신, 크레인이나 기타 리프팅 장비를 사용하여 개별 커버를 들어 올려 분리하고, 작업이 끝난 후 다시 덮는 형태로 구성된다. 구조적으로는 단순하며 비

<그림 2-15> Pontoon Type Hatch

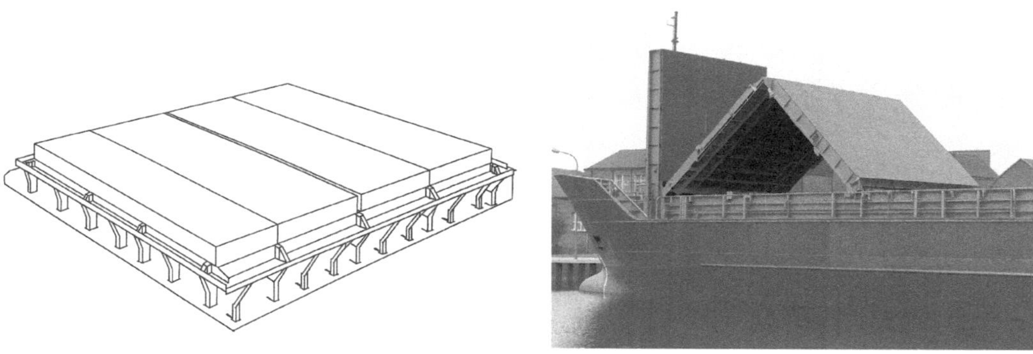

<그림 2-16> Pull and Folding Type

교적 제작과 유지보수가 용이한 장점이 있으나, 커버의 탈부착을 위해 별도의 기계적 하역 장비가 필수적으로 요구된다. 각 커버는 강재 구조로 설계되며, 해치 코밍에 정확히 밀착되어 수밀성을 유지하도록 제작된다. 이 타입은 자동화된 개폐가 어려운 대신, 설비가 단순하고 설치가 유연하여 주로 컨테이너선박에 활용된다

나. Pull and Folding Type

Pull and Folding Type 해치 커버는 커버가 레일 또는 힌지 구조를 따라 여러 개의 분할된 패널로 나뉘어 접히는 방식으로 열리는 구조이다. 이 방식은 커버가 연속적으로 접혀 이동

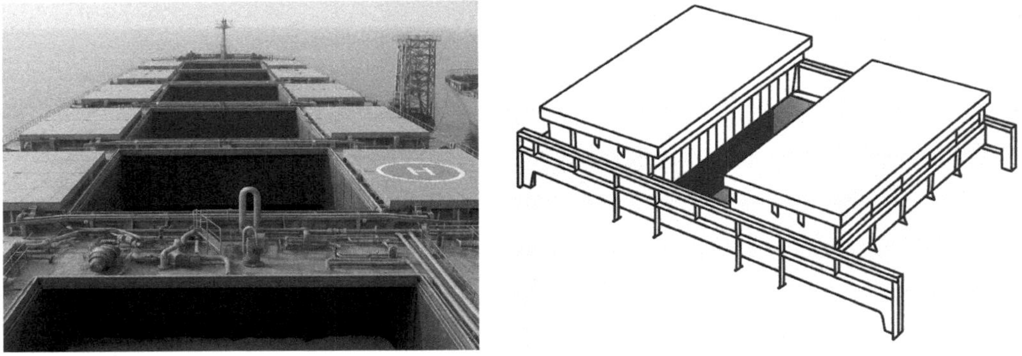

<그림 2-17> Side Rolling Type

하기 때문에 공간 활용이 효율적이며, 하역 작업 중에도 빠른 개폐가 가능하다. 주로 벌크선이나 일반화물선에서 널리 사용되며, 선박의 작업 특성과 구조에 따라 수작업 또는 유압 구동 방식으로 작동한다. 작동 메커니즘은 비교적 단순하지만, 전체 커버를 일괄적으로 개폐할 수 있어 작업 효율성이 높은 것이 특징이다. 또한 커버가 선체 구조 내에 고정된 궤도(레일)를 따라 이동하므로, 개폐 시 별도의 리프팅 장비 없이도 안전하고 안정적인 운용이 가능하다.

다. Side Rolling Type

Side Rolling Type 해치 커버는 해치 커버가 좌우 방향으로 이동하면서 개폐되는 구조로, 커버가 레일을 따라 수평으로 밀리며 열리고 닫히는 방식이다. 이 방식은 기계식 롤러 시스템을 통해 작동되며, 구조적으로 자동화 설비와의 연동이 용이하다는 장점이 있다. 특히 하역 장비 및 제어 시스템과 통합하여 원격 또는 자동 개폐가 가능한 점에서 대형 선박이나 반복 작업이 많은 화물선에 적합하다. 유지보수는 비교적 단순하며, 작동 부품의 접근성과 교체가 용이하다. 다만, 커버가 좌우로 이동하기 위한 충분한 측면 공간이 필요하므로, 선박의 설계 시 이에 대한 고려가 필수적이다. 주로 해치개구부가 작아도 되는 광탄선 운반선에 많이 활용된다.

라. Ramp Type

Ramp Type 해치 커버는 RORO선(Roll-on/Roll-off ship)에서 주로 사용되는 구조로, 일반적인 해치 커버 기능에 더해 경사로(ramp)의 역할을 겸하는 것이 특징이다. 이 구조는 차량 및 중장비 등의 선내 진입을 가능하게 하며, 해치 커버를 통한 직접 출입 구조로 하역 효율을 극대화한다.

<그림 2-18> Ramp type

① 구조 및 작동 원리

Ramp Type 해치 커버는 선박의 선미 또는 측면에 설치되며, 개폐 시에는 경사면이 형성되어 부두와 선박 갑판을 연결하는 구조로 작동한다. 개폐는 일반적으로 유압 실린더(hydraulic cylinder)에 의해 구동되며, 반복적인 개폐와 고하중에도 견디도록 설계되어 있다. 이러한 시스템은 개방 시 화물이나 차량이 경사면을 통해 선내로 직접 진입할 수 있도록 하며, 닫힌 상태에서는 해치 커버로서의 수밀 기능을 수행한다. 또한 케이블, 롤러, 유압 링크 등의 부속 장치가 포함되어 있어 개폐 시 안전성과 안정성이 확보된다.

② 특징 및 장점

Ramp Type 해치 커버는 단순한 덮개 구조를 넘어선 복합 기능을 지니며, 다음과 같은 특징이 있다.

▷ 램프 겸용 구조

화물 또는 차량이 부두에서 선박으로, 또는 선박에서 육상으로 직접 이동할 수 있다. 승하차 경로가 일체화되어 크레인이나 리프팅 장비 없이 작업이 가능하다.

▷ 고강도 설계

반복적인 개폐와 차량 진입 시 발생하는 집중 하중 및 충격을 견딜 수 있도록 고강도 구조물로 제작된다. 중장비, 트레일러 등의 통과를 고려하여 하중 분산 구조가 적용된다.

▷ 신속한 하역 작업 가능

개폐 시간이 짧고 조작이 간편하여, 짧은 시간 내에 대량의 화물을 적재 또는 하역할 수 있다. 항만 체류 시간을 줄이고 선박의 회전율을 높이는 데 기여한다.

▷ 자동화 및 원격 조작 가능성

최근에는 유압 시스템에 센서와 원격 제어 장치를 결합하여 조작의 정확도와 안전성을 향상시키고 있다.

③ 주요 적용 예

Ramp Type 해치 커버는 다음과 같은 선종에서 널리 사용된다.

자동차 운반선(Pure Car Carrier)

트레일러 및 중장비 운반선

군수지원선, 철도차량 운반선

<표 2-9> Hatch Cover 종류

종류	선종	개폐 방식
Pontoon Type	컨테이너선 등	리프팅/크레인
Pull and Folding	벌크선 등	레일, 접힘
Side Rolling	광탄선 등	측면 롤링 이동
Ramp Type	RoRo선	램프 겸용

선박 복원성

Chapter 3

3.1 복원성 이해를 위한 기본 개념

3.1.1 단위

세상에서 일어나는 물리적 현상을 정량적으로 표현하고, 공학적으로 계산하기 위해 우리는 숫자와 함께 단위(unit)를 사용한다. 길이, 질량, 시간, 온도, 힘 등 물리량들은 측정할 수 있는 대상이며, 이 물리량을 수치로만 표현하면 의미가 없고, 반드시 단위와 함께 나타내야 한다.

예: "10"이라는 숫자만으로는 아무 의미가 없지만, “10 m”, “10 kg”, “10초” 등 단위가 붙으면 명확한 의미를 갖게 된다. 이처럼 단위는 물리량의 ‘크기’를 비교하고 측정 결과를 해석하는 데 필수적인 언어이다. 그런데 분야나 국가마다 사용하는 단위가 다르면 의사소통이 혼란스러워지고, 계산에서도 오류가 발생할 수 있다.

전 세계적으로 통일된 단위 체계가 필요하며, 대표적인 것이 국제단위계(SI 단위계)이다. 또한, 실용적인 공학 계산이나 실무에서는 중력 기반 단위계(공학 단위계)도 일부 사용된다. 이 두 가지 단위계는 물리량을 표현하는 방식이 다르므로, 상호 전환 및 이해가 중요하다.

3.1.1.1 SI 단위계 (International System of Units)

SI 단위계는 전 세계적으로 가장 널리 쓰이는 표준화된 측정 단위 체계이다.

International System of Units의 약자로, 국제적으로 통일된 단위 사용을 위해서 과학, 공학, 산업 분야에서 공통적으로 사용된다. SI 단위계는 7개의 기본 단위를 바탕으로 한다.

이 중에서 선박 및 항해 관련 분야에서 가장 자주 사용되는 기본 단위는 길이(m), 질량(kg), 시간(s)이다.

<표 3-1> 기본 단위

물리량	기호	단위
길이	m	미터
질량	kg	킬로그램
시간	sec(s)	초
전류	A	암페어
열역학온도	K	켈빈
물질량	mol	몰
광도	cd	칸델라

SI 단위계에서는 기본 단위들을 조합하여 조합 단위를 만든다. 그중 하나가 힘(Force)이며, 단위는 SI단위로 $kg\,m/cm^2$ 이다. 통상 뉴턴(Newton, N)이라 불린다. 1 N은 1 kg의 질량을 가진 물체에 1 m/s^2의 가속도를 가할 때 필요한 힘으로 정의된다.

$$1kg\,m/s^2 = 1N$$

1 kg의 추가 지구상에서 받는 힘은 SI단위로 표현하면 아래와 같다.

$$1kg\ \times 9.8m/s^2 = 9.8kg\,m/s^2 = 9.8N$$

3.1.1.2 공학단위계

공학 단위계 또는 중력 단위계는 길이, 힘, 시간을 기본 단위로 사용하는 단위 체계이다. 특히 힘을 표현할 때 중력가속도를 생략하고 사용하는 경우가 많다.

즉, 힘을 기본 단위로 취급한다는 점이다. 공학분야에서 간편히 많이 사용된다. 이 단위계는 질량이 아닌 '힘'을 기본 단위로 취급하며, 중력의 효과를 단위에 포함하는 것이 특징이다.

즉, 질량 1 kg의 물체에 지구 중력이 작용할 때의 힘을 1 kgf(킬로그램힘)으로 정의하고, 이것을 하나의 기본 단위로 사용하여 아래와 같이 표현한다.

$$1kg\ 중$$

$$1kg\,f$$

$$1\,kg\,(f)$$

여기서 f는 force의 약자이며, 중력가속도(9.8 $m/\sec^2$)를 나타낸다. "kgf"에서 "f"는 보통 생략하여 "1 kg 중", "1 kg 힘" 등으로도 표기되기도 한다.

<표 3-2> 1kg 추 표현

구분	SI	공학단위계
표현식	1 $kg \times 9.8\,m/s^2$	1 kgf, 1 kg중, 1 kg 힘
단위	kgm/s^2 (N)	kgf, kg 중

선박 해운 분야에서도 이 두 가지 단위계를 혼용 중이며, 아래와 같은 경우 구분하여 식별하여야 한다. 화물 하역 장비 경우, 크레인 하중을 표현할 때 SI 단위로 N 또는 kN 사용할 수도 있으며, 공학단위를 사용하면, 크레인 정격 하중에 ton(f), kgf 기준으로 명시되기도 한다.

또한 선박계류 설비에서도 페어리드(fairlead)나 볼라드(bollard) 같은 계류 관련 장비들이 중요한데, 이들의 하중 용량(capacity)은 일반적으로 공학 단위계(kgf, tonf)와 SI 단위계(N, kN)가 함께 사용된다. 산업 현장에서는 주로 tonf 단위가 실용적으로 쓰이고, 공식 문서나 국제 표준에서는 N 또는 kN 단위가 병기되기도 한다. 공학단위계와 SI단위계 관계를 잘 이해할 필요가 있다.

실제 사례)
Bollard Capacity: 100 tonf(approx. 980 kN)
Fairlead SWL: 80 ton(= 80tonf, Safe Working Load)

<표 3-3> Bollard의 용량 단위 비교

선박 크기별	공학 단위계	SI
소형선박용 볼라드	10 tonf(톤중)	약 98 kN
중형 상선용	50 tonf	약 490 kN
대형 컨테이너	100~150 tonf	980~1,470 kN

<그림 3-1> Bollard 제한하중 표기 예

3.1.2 1차 모멘트 및 무게 중심

화물 배치와 복원성은 밀접한 관계를 갖고 있다. 선박의 안정성을 판별하는 복원성 계산에서 선박의 무게 중심 계산은 상당히 중요한 요소이다. 어떤 물체의 무게 중심, 도형의 도심(Centroid)을 구하기 위해서는 면적 또는 체적에 대한 1차 모멘트라는 개념이 필요하다.

1차 모멘트(First Moment of Mass or Area)는 물체의 무게나 면적이 기준 축으로부터 얼마나 떨어져 있는지를 나타내는 물리적 개념입니다. 각 질량 또는 면적에 그것이 기준축에서 떨어진 거리를 곱한 값들의 총 합으로 정의된다. 이 개념은 물체나 도형의 무게 중심(center of gravity), 면적중심인 도심(centroid)을 구하는 데 사용됩니다. 예를 들어 여러 개의 물체가 수직으로 배치되어 있을 때, 각 물체의 무게와 높이의 곱을 모두 더한 뒤 전체 무게로 나누면, 그들의 평균적인 높이인 무게 중심 위치를 구할 수 있다. 이는 선박, 구조물, 기계 설계 등 다양한 분야에서 매우 중요한 기본 원리이다. 특히 복원성 분야에서는 선박의 적재 화물에 따른 선박의 중심 위치 변경에 사용되는 개념이다.

그림 3-2와 같이 무게 w1, w2, w3, w4의 물체가 x축에서 y1, y2, y3, y4 거리를 두고 떨어져 있을 때 x축에 대한 이들 물체의 1차 모멘트는

$$w1 \times y1 + w2 \times y2 + w3 \times y3 + w4 \times y4 \ = \sum_{i=1}^{4} w_i \times y_i$$

로 정의된다. 또한 이를 이용하여, x축에 대한 이들 물체의 무게 중심 거리, $\bar{y}$는

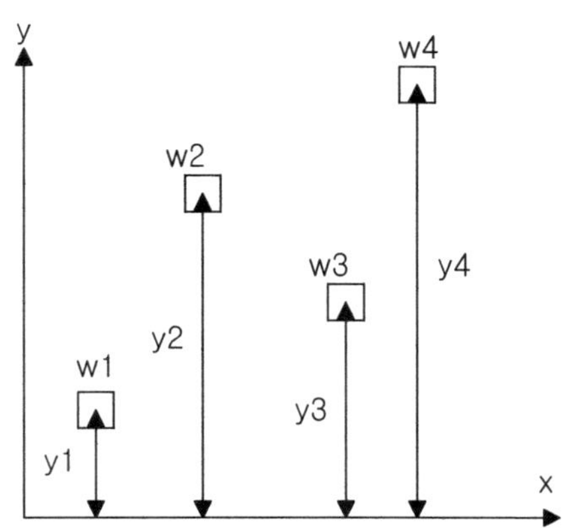

<그림 3-2> 무게중심

$$\bar{y} = \frac{\sum_{i=1}^{4} w_i \times y_i}{\sum_{i=1}^{4} w_i}$$

로 구할 수 있다. 즉

$$중심위치 = \frac{1차모멘트}{전체무게(면적, 힘...)}$$

이 식은 선박에서 화물의 배치에 따른 변화된 무게 중심을 구하는 데 많이 활용된다.

▼ 예제 1

지면에서 각각 1 m, 1.5 m, 3 m 떨어진 높이에 각각 10 kg, 12 kg, 10 kg 인 물체가 위치해 있다면 이들 물체의 합 무게 중심은 지면에서 얼마의 높이에 위치할까?

▽ 풀이

무게 중심 = (10 kg×1 m + 12 kg×1.5 m + 10 kg×3 m) / (10 kg + 12 kg + 10 kg)
= 1.8125 m

▼ 예제 2

아래와 같은 선박에 화물을 3개 실었을 때 선박의 무게중심을 구해라.
(단 짐을 싣기 전의 선박의 무게와 무게중심의 높이는 각각 2000 ton, 6 m이다.)

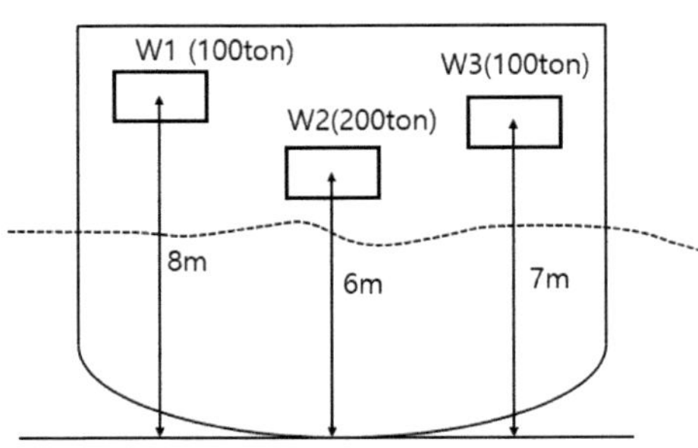

▽ 풀이

선박 자체 무게 (W_o): 2000 ton

선박 자체 무게중심 높이 (G_o): 6 m

화물들:

W1 = 100 ton, 위치 = 8 m

W2 = 200 ton, 위치 = 6 m

W3 = 100 ton, 위치 = 7 m

$$KG = \frac{W_o \times KG_o + w1 \times h1 + w2 \times h2 + w3 \times h3}{W_o + w1 + w2 + w3}$$

$$= \frac{2000 \times 6 + 100 \times 8 + 200 \times 6 + 100 \times 7}{2000 + 100 + 200 + 100} = 6.125m$$

3.1.3 배수량

3.1.3.1 밀도 (density)

밀도란 물질의 단위 부피당 질량을 나타내는 물리량이다. 즉, 어떤 물질이 얼마나 조밀하게 모여 있는지를 나타내는 지표로, 다음과 같이 정의된다.

$$밀도 = \frac{질량(kg)}{부피(m^3)}$$

$$\rho = \frac{kg}{m^3}$$

물 밀도는 1000 kg/m^3이며, 표준 해수는 1025 kg/m^3이다. 철의 밀도는 약 7870 kg/m^3이다. 해상에서는 톤 단위를 많이 사용하기에 물 밀도 1 ton/m^3, 해수 밀도 1.025 ton/m^3을 사용한다.

어떤 물체의 밀도를 사용하면 그 어떤 물체의 체적(V)으로 쉽게 질량(kg)을 구할 수 있다.

$$m(kg) = V(m^3) \times \rho(\frac{kg}{m^3})$$

3.1.3.2 비중(specific gravity)

어떤 물질의 밀도와 순수한 물의 밀도와의 비를 비중이라 한다. 즉 물질의 비중(specific gravity)은 어떤 물질의 밀도(density)를 기준 물질(보통은 4℃의 물)의 밀도로 나눈 비율값이다. 비중은 단위가 없는 값이며, 일반적으로 물의 밀도가 1000 kg/m^3로 설정되어 있기 때문에, 어떤 물질의 비중이 1보다 크면 물보다 무겁다는 뜻이고, 1보다 작으면 물보다 가볍다는 의미가 된다. 비율을 의미하므로 단위가 없는 것이 특징이다. 비중은 다양한 분야에서 상대적 무게를 비교하거나, 부력 분석 등에 사용된다. 철의 비중은 약 7.87로 물보다 무겁고, 얼음의 비중은 약 0.92로 물보다 가벼워서 물에 뜨게 된다.

아울러, 물의 비중은 1.0이며, 표준 해수의 비중은 1.025이다. 어떤 물체의 비중에 물의 밀도를 곱하면 그 물체의 밀도가 계산된다.

$$\text{물체밀도} = \text{물체비중} \times \text{물밀도}(1000\ kg/m^3)$$

예를 들어, 해수 비중이 1.025이므로, 해수 밀도는 아래와 같이 구한다.

$$1.025\ ton/m^3 = 1.025 \times 1\ ton/m^3$$

따라서 어떤 물체의 체적(V)과 비중을 알면 아래와 같이 비중에 물의 밀도를 곱하여 쉽게 그 물체의 질량(kg)을 구할 수 있다.

$$m = V \times \rho' \times 1000 kg/m^3\ [kg]$$

<표 3-4> 밀도와 비중

항목	밀도 (density)	비중 (Specific Gravity)
정의	단위 부피당 질량	어떤 물질의 밀도와 기준밀도(물)와 비율
단위	kg/m^3	무단위
기준물질	A	암페어
예	물: 1000 kg/m^3	물: 1 철 : 7.0

▼ 예제 1

가로, 세로, 높이가 각각 1 m 인 정방형 통에 비중이 1.025인 물이 들어 있다. 물의 무게는 얼마인가?

▽ 풀이

$$W = V \times \rho' \times 1000 kg/m^3 \, [kg]$$

$$1 \, m^3 \times 1.025 \times 1000 \, kg/m^3 = 1025 \, kg = 1.025 \;\; ton$$

3.1.3.3 질량과 무게

질량(Mass)이란 물체가 지닌 물질의 양을 나타내는 가장 기본적인 물리적 특성이다. 이는 물체의 크기나 형태와는 무관하며, 중력의 영향을 받지 않는 고유한 값으로 간주된다. 국제단위계(SI)에서 질량의 단위는 킬로그램(kg)이 사용된다. 예를 들어, 어떤 물체가 지구에 있든 우주 공간에 있든 그 질량은 변하지 않지만, 무게(weight)는 작용하는 중력의 세기에 따라 달라질 수 있다.

무게(Weight)는 질량을 가진 물체에 중력이 작용해서 생기는 힘으로 질량에 가속도를 곱한 $kg{\cdot}m/s^2$ 로 표시된다. 뉴턴(N)으로 간략히 표현한다. 질량은 어디서나 일정하지만, 무게는 그 질량에 중력가속도를 곱한 값을 갖기 때문에 질량과는 차이가 있다. 무게는 통상 중량으로 거의 유사하게 사용된다. 중력에 의해 생긴 힘이다.

무게 = 중량 = 질량 × 중력가속도

이러한 무게 중량의 단위는 결국 힘(Force)의 단위가 된다.

<표 3-5> 질량, 중량, 힘

항목	정의	단위
질량	물체가 가진 물질의 양	kg
무게/중량	질량에 중력이 작용해 생긴 힘	$kg{\cdot}m/s^2$, Newton(N)
힘	물체를 움직이게 하거나 멈추게 하는 작용	$kg{\cdot}m/s^2$, Newton(N)

3.1.3.4 압력

압력이란, 어떤 면적에 가해지는 힘의 세기를 나타내는 물리량이다. 즉, 일정한 면적에 얼마나 큰 힘이 분산되어 작용하는지를 표현한다. 공식으로는 다음과 같이 정의된다.

$$P(Pa) = \frac{F(N)}{A(m^2)}$$

P: 압력 (Pressure, 단위 Pa)

F: 면에 작용하는 힘 (Force, $kg \cdot m/s^2$, N)

A: 면적 (Area, m^2)

해상에서는 바닷물에 의한 선박에 압력이 항시 가해지게 된다. 이러한 현상을 잘 이해해야 한다. 대기압에서는 Pa의 100배에 해당되는 hPa의 단위를 많이 사용한다. 표준 대기압은 대략 1013 hPa로 표현된다. 해상에서는 물속에 깊이에 따라 약 10 m 수심 증가시 약 1대기압에 해당되는 압력이 추가된다. 이때 사용되는 수식은 정수압 기본 공식이다.

$$P = \rho g h$$

P: 압력(Pressure), Pa(Pascal) = N/m^2

ρ: 밀도(kg/m^3)

g: 중력가속도(Gravity), m/s^2

h: 높이(m)

3.1.3.5 부력 및 배수량

가. 부력

부력(Buoyancy)이란 물이나 다른 유체 속에 있는 물체에 작용하는 위쪽 방향의 힘이다. 이 힘은 아르키메데스 원리에 의해 설명되며, 그 원리는 다음과 같다.

"어떤 물체가 유체에 잠기면, 그 물체는 자신이 밀어낸 유체의 무게만큼의 부력을 받는다."

이 원리에 따르면, 부력의 크기를 결정하는 핵심 요소는 **"물체가 유체 속에서 밀어낸 부피, 즉 잠긴 부분의 체적"**이다. 부력은 이 체적에 해당하는 유체의 무게만큼의 크기로 작용하게 된다.

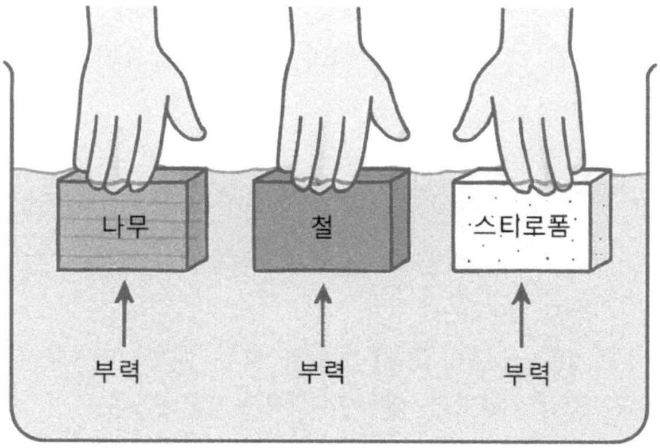

<그림 3-3> 물질에 따른 부력의 크기

따라서 배가 물에 떠 있는 경우, 배에 작용하는 중력(배의 무게)과 부력은 크기는 같고 방향은 반대이며, 같은 일직선상에 놓여 있어야 평형 상태를 유지할 수 있다. 이러한 조건이 만족되면 선박은 안정적으로 물에 떠 있게 된다.

이와 연결되는 개념이 배수량(Displacement)이다. **배수량은 배가 물속에 잠긴 부분의 체적만큼 밀어낸 물의 무게를 의미한다**. 즉, 배수량은 곧 부력의 크기와 같으며, 또한 선박의 실제 무게와도 동일하다. 물에 떠 있는 선박은 자신이 물속에 잠긴 체적만큼의 물을 밀어내고, 이 밀려난 물의 무게만큼의 부력을 받아 평형을 유지한다.

나. 배수량

배수량은 선박의 무게이자 부력의 크기이며, 동시에 선박이 물에 뜨기 위해 밀어낸 물의 무게와 같다. 일반적으로 "배수량이 몇 톤이다"라고 말할 때는 배가 떠 있기 위해 밀어낸 물의 양, 즉 배의 총 무게와 동일한 수치를 의미한다. 배수량을 언급할 때 부력을 생각하는 사람이 거의 없을 것이다. 하지만 부력의 크기와 배수량 그리고 배 무게는 같다는 사실을 기억해야 한다. 그리고 이들의 물리적 단위는 중량, 무게, 힘이다.

부력 = 배수량 = 배 무게

선박의 배수량을 구하기 위해서는 다양한 과정을 거친다. 이 과정은 선박이 물속에 잠긴 선체의 부피에 해당하는 물의 무게를 구하는 과정이라 요약될 수 있다.

우선 선박의 수면 아래 잠긴 형상은 일반적인 균일한 도형이 아니므로 근사적분법(심슨법칙)을 이용하여 선박의 단면적 및 체적을 구한다. 이렇게 계산된 수면하 체적에 해수 밀도를 곱하여 최종 배수량이 구해진다.

부력을 F, 선박의 무게를 배수량 $\triangle$이라 하면 아래와 같이 표현할 수 있다.

$$F = \triangle = V \times \rho \times (g)$$

여기서 통상 중력가속도 g를 생략하고 표기하면 특정 배의 배수량이 9000 ton이라고 표기하게 된다. 통상 배수량은 중력가속도를 생략한 상태로 표기한다.

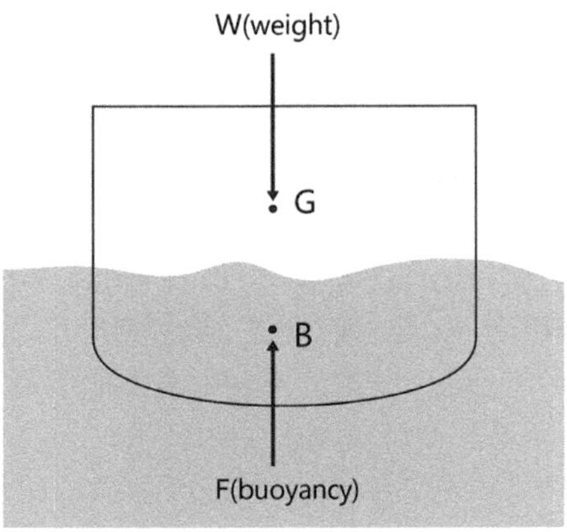

<그림 3-4> 배가 떠 있는 상태의 배무게와 부력 관계

▼ **예제 1**

체적이 0.8 m^3이고 중량이 6.5톤인 앵커를 해수(비중 1.025)에 넣었을 때, 물속에서의 중량은 얼마인가?

▽ 풀이

원래 중량 − 부력 = 물속 중량

부력 = 체적 × 단위중량 = 0.8 × 1.025 = 0.82톤

6.5 − 0.82 = 5.68톤

▼ 예제 2

배수량이 8,000톤인 선박이 해수와 담수에 있을 때 수면 아래에 잠긴 선체의 부피는 각각 얼마인가?

▽ 풀이

해수중일 때

배수량 × (g) = 체적 × 밀도 × (g)

체적 = 배수량 / 밀도 = 8000 ton / (1.025 ton/㎥) = 7804.89 ㎥

담수중일 때

배수량 × (g) = 체적 × 밀도 × (g)

체적 = 배수량 / 밀도 = 8000ton / (1.0 ton/㎥) = 8000 ㎥

▼ 예제 3

가로 5 m, 세로 20 m, 높이 4 m인 사각 상자형 선박이 해수(밀도: 1.025 ton/㎥)에 떠 있다. 이 선박이 물속에 2 m까지 잠긴 상태라면, 이때의 배수량(ton)은 얼마인가?

▽ 풀이

배수량 = 체적 × 해수 밀도

수면하 체적 = 가로 × 세로 × 잠긴 높이 = 5×20×2= 200 ㎥

배수량 = 200 ㎥ × 1.025ton/㎥ = 205 ton

3.1.3.6 부심(Center of Buoyancy, B)

부심(Center of Buoyancy, B)은 물에 떠 있는 선박에 작용하는 부력(Buoyancy)의 중심점으로, 선박이 잠긴 부분(물속에 잠긴 선체)의 부피 중심점에 위치한다.

즉, 선박의 수면 아래에 있는 부분의 모양에 따라 결정되며, 부력은 이 부심을 통해 상방 수직 방향으로 작용한다. 부심은 선박이 경사질 때마다 그 위치가 변하는 특성을 가지며, 이러한 변화는 선박의 복원성(stability)에 큰 영향을 미친다.

이 개념은 선박의 복원성(restoring stability)을 계산하거나 평가할 때 필수적으로 사용되며, 선박이 기울었을 때 부심이 이동하면서 생기는 복원 모멘트가 선박을 다시 수직으로 세우려는 역할을 한다. 이 때문에 선박의 안전성과 직결되는 개념 중 하나다. 실제 선박에서는 수면 아래 선체 형상을 바탕으로 부심의 위치를 구하며, 선박이 좌우로 기울 때 부심이 어떻게 이동하고, 이로 인해 어떤 복원력이 생기는지를 설명하는데 부심이 활용된다.

그림 3-5는 수면 아래 선체의 단면을 기준으로, 선박이 좌우로 기울면서 부심이 어떻게 이동하며, 이에 따른 선박의 복원력을 설명하는데 자주 사용된다.

횡측 부심은 통상 기선(Base Line)에 위치한 Keel에서 부심 높이까지 거리로 표현하고 수식으로는 KB를 많이 사용한다. 또한 종축방향으로 부심의 위치를 표현할 때는 LCB(Longitudinal Center of Buoyancy)로 표현되며, 중앙에서 벗어난 정도에 따라 미터로 표현된다. 그 방향을 선미 선수 방향에 따라 (+)/(-)로 기술한다.

선박공학에서는 1차모멘트 및 근사 적분법 등을 활용하여 면적이나 부피의 중심점을 구할 수 있으므로, 이러한 원리를 이용하여 부심의 위치를 수치적으로 구할 수 있다.

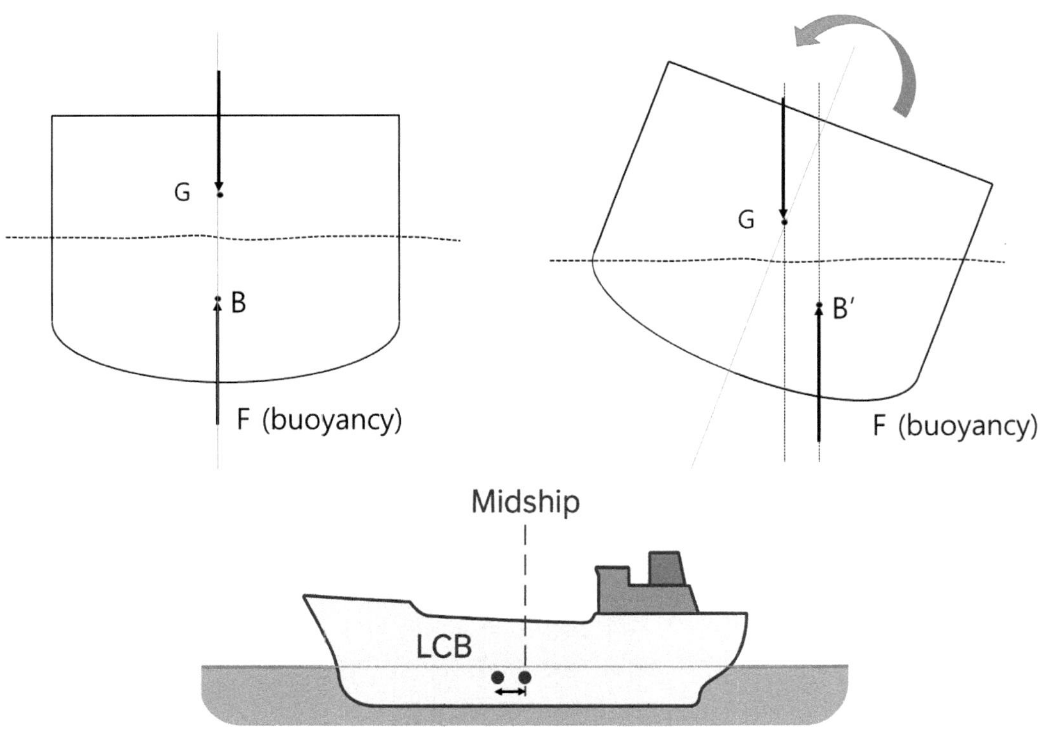

<그림 3-5> 부심

3.1.3.7 매 cm 배수톤(TPC, Tcm)

매 cm 배수톤, TPC(Tons per Centimeter Immersion)는 선박 흘수가 1 cm 증가할 때, 배수량이 얼마나 증가하는지를 나타내는 값이다. 다른 말로 하면, 흘수 1 cm 증가를 위해 적재해야 하는 추가되는 화물의 양을 의미한다.

즉, 선박이 물에 더 깊이 잠기기 위해 필요한 추가 중량을 나타낸다. 통상 단위는 톤/센티미터(ton/cm)로 사용하고, 이 값은 선박의 수선면적(Aw, Waterplane Area)에 따라 결정된다. 수선면적이 클수록, 동일한 흘수 증가에도 더 많은 물을 밀어내게 되므로 TPC 값이 커진다.

흘수 1 cm 증가시 수선면적(Aw, Waterplane Area)는 변화가 없다고 가정하면, Tcm은 다음과 같이 표현될 수 있다.

$$TPC = V \times \rho = Aw \times 0.01m \times \rho \quad [\text{ton/cm}]$$

통상 선박은 수정역학 도표(Hydrostatic Table)에 선박 Tcm, 배수량 등등의 정보를 매 흘수별 제공하고 있다. 선박 운용자는 이를 이용하여, 흘수별 선박의 정보를 알 수 있다.

그림 3-6에서 1 cm 높이의 흘수 간격에 해당하는 체적의 물의 무게를 구하면 TPC에 해당하는 값이 된다.

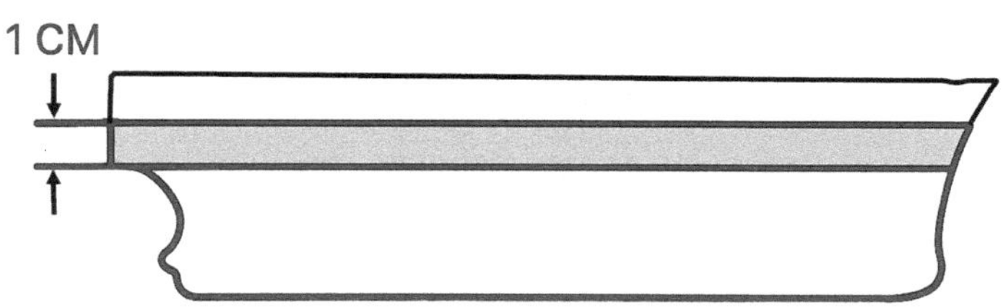

<그림 3-6> 매 cm 배수톤

▼ 예제 1

폭 20 m, 길이 80 m인 상자형 바지선이 있다. 현재 흘수는 3.0 m이며, 해수 비중은 1.025 t/㎥이다. 현재 배수량은 얼마인가? 이 상태에서 TPC를 구하라. 이 배에 흘수를 10 cm 증가시키기 위해서는 얼마의 화물을 더 적재해야 하는가?

▽ 풀이

수선면적 Aw = 20 × 80 = 1600 ㎡

배수체적 = Aw × 흘수 = 1600 × 3 = 4800 ㎥

배수량 = 4800 ㎥ × 1.025 ton/㎥ = 4920 ton

TPC 계산

$$TPC = \frac{Aw \times \rho}{100} = \frac{1600 \times 1.025}{100} = 16.4$$

추가 적재 화물

w = TPC × 추가 cm = 16.4 ton/cm × 10 cm = 164 ton

3.1.3.8 해수 비중과 흘수 변화

선박이 해수 비중이 다른 곳을 항해하면 배수량은 일정하나, 해수 비중의 차이로 인하여, 선박 흘수의 변화가 발생한다. 즉 일정한 배수량을 유지하기 위하여 해수 비중 변화에 따른 수면하 체적이 변화하여 흘수가 상이하게 된다.

따라서 정확한 흘수량을 계산하고 예측하는 것이 선박의 운항상 중요하다.

배수량 $\triangle$인 선박이 해수 비중 ρ'_1인 곳에서 ρ'_2인 곳으로 이동하였을 때 변화한 흘수량을 $\triangle d$(m)라 하고, 그 때의 수면하 체적을 V_1, V_2라고 하면, 비중을 밀도로 변화시켜 아래와 같이 구할 수 있다.

$$V_1 = \frac{\triangle}{\rho_1} \ , \ V_2 = \frac{\triangle}{\rho_2}$$

V_1, V_2는 서로 다음과 같은 관계가 있다.

$$V_2 = V_1 + Aw \times \triangle d$$

여기서 Aw 는 수선면적을 의미한다.

또한 V_1, V_2는 다음과 같은 관계가 있다.

$$V_2 = V_1 + Aw \times \Delta d$$

이 관계를 정리하면 흘수 변화는 아래와 같이 유도된다.

$$\begin{aligned}\Delta d &= (V_2 - V_1) / Aw \\ &= \frac{\Delta}{Aw}\left(\frac{1}{\rho_2} - \frac{1}{\rho_1}\right) m\end{aligned}$$

단위를 cm로 변화시키면

$$\Delta d = \frac{100 \times \Delta}{Aw}\left(\frac{1}{\rho_2} - \frac{1}{\rho_1}\right) [cm]$$

를 얻을 수 있다. 또한 배수량과 TPC 관계식

$$\frac{Aw}{100} \times 1.025 = TPC$$

를 이용하여

$$\begin{aligned}\Delta d &= \frac{\Delta}{TPC} \times 1.025 \times \left(\frac{1}{\rho_2} - \frac{1}{\rho_1}\right) \\ &= \frac{\Delta}{TPC} \times \left(\frac{1.025}{\rho_2} - \frac{1.025}{\rho_1}\right) [cm]\end{aligned}$$

와 같이 변형시켜 사용된다.

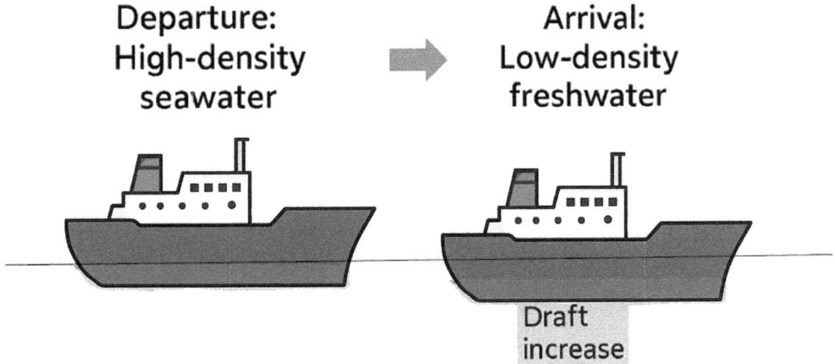

<그림 3-7> 해수에서 담수 이동시 흘수 변화

▼ **예제 1**

배수량 10,000톤, TPC 25톤인 선박이 해수에서 비중이 1.000인 강에 진입하였다. 흘수의 변화량은 얼마인가?

▽ **풀이**

Aw 계산

$$Aw = \frac{TPC \times 100}{1.025} = \frac{25 \times 100}{1.025} = 2439.02\,m^2$$

흘수차 계산

$$\triangle d = \frac{100 \times \triangle}{Aw}\left(\frac{1}{\rho_2} - \frac{1}{\rho_1}\right) = \frac{100 \times 10{,}000}{2439.02}\left(\frac{1}{1.0} - \frac{1}{1.025}\right) = 10\,cm$$

3.2 복원성능(Stability)

선박이 안전한 항해를 수행하기 위해서는, 바다 위에서 안정적으로 평형을 유지하며 부양되어야 한다. 특히 바람이나 파도 기타 외란에 의하여 경사가 지더라도, 제자리로 돌아오려는 성질을 유지하여야 한다. 이는 선박의 항해 안전성과 직결되며, 선박 설계 및 운항 시 반드시 고려되어야 할 중요한 요소이다.

이러한 성질을 복원성능(Stability)이라 부르며, 모든 배가 만족하여야 하는 중요한 성질이다. 국제해사기구(IMO)와 선급에서는 복원성에 대한 규정을 마련하여 이를 반드시 만족하도록 요구하고 있다.

이번 장에서는 이 복원성능에 대한 전반적인 내용을 알아보자.

3.2.1 안정 불안정 개념

평형상태에 있는 물체에 외력이 작용하였을 때, 그림 3-8의 첫 번째와 같이 경사졌다가, 주어진 외력이 소멸되면, 즉시 외력이 가해지기 전 상태로 돌아온다. 이러한 현상은 무게 중심 G에서 연직 하 방향으로 향하고 있는 중량 W가 원위치로 물체를 되돌려 하는 것이기 때문이다. 외력이 없어지면 원상태로 되돌아오려는 이러한 상태를 안정(stable)이라고 말한다.

두 번째 그림의 경우는 외력이 작용하여, 물체의 위치가 변화더라도, 물체의 중량과 반작용이 작용하는 방향이 같은 일직선상에 위치해 있으므로, 모멘트 작용이 없고, 외력에 대응하여 원 상태로 되돌아 갈 수 없는 상태이며, 외력이 가해진 직후의 상태를 그대로 유지하게 된다. 즉 외력이 없어지면 그 상태 그대로 유지하는 상태이며, 이를 중립평형(neutral equilibrium)이라고 한다.

세 번째 그림과 같이 외력이 가해지고, 외력이 없어지는 상태에서, 중량 W가 가해지는 방향이 외력이 가해지기 전 상태로 물체가 되돌아 가지 못하고, 오히려 외력이 가해지는 방향으로 더해져 물체를 더욱 변화시키게 된다. 이러한 상태를 불안정(unstable) 상태라고 한다.

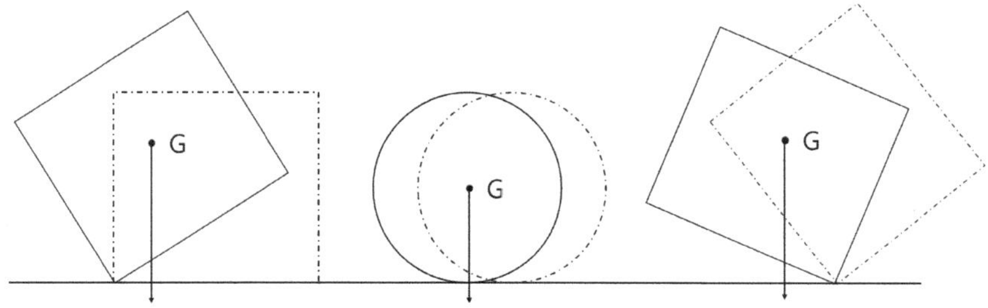

<그림 3-8> 안정 불안정 개념

<표 3-6> 안정 불안정

구분	내용
안정	외력작용이 없어지면 선체가 다시 원위치로 돌아가려는 상태
불안정	외력이 없어지면 선체가 더 기울거나 뒤집히는 상태
평형(중립)	외력이 없어져도 그 상태 유지하는 상태

이러한 안정, 불안정, 중립 상태를 선박에 그대로 적용하여, 선박의 상태를 정의할 수 있으며, 안정성 여부를 판단할 수 있다.

3.2.2 선박에서 안정 불안정

선박이 그림 3-9와 같이 해상에 떠 있는 경우를 가정하자.

이러한 상태에서 작용하는 힘은 선체 중량 W에 해당하는 힘과, 선체를 물위로 띄우는 부력으로 크게 구분할 수 있다. W의 경우 선체 무게 중심 G를 중심으로 연직 하방으로 작용하고, 부력의 경우 부심 (B)를 중심으로 연직 상향 방향으로 작용한다. 또한 그 둘의 힘의 크기는 동일하다.

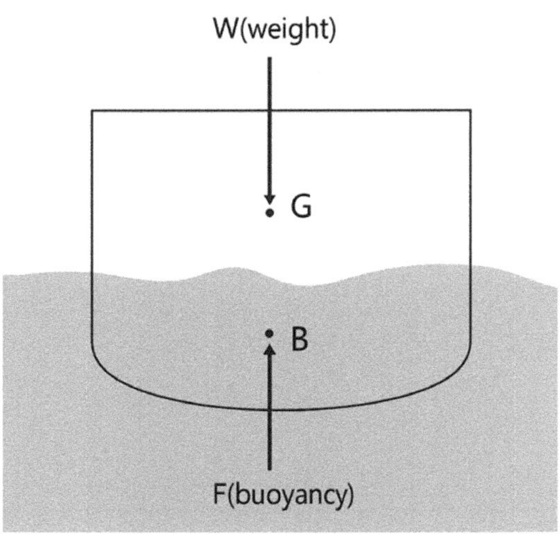

<그림 3-9> 선박이 떠 있는 상태

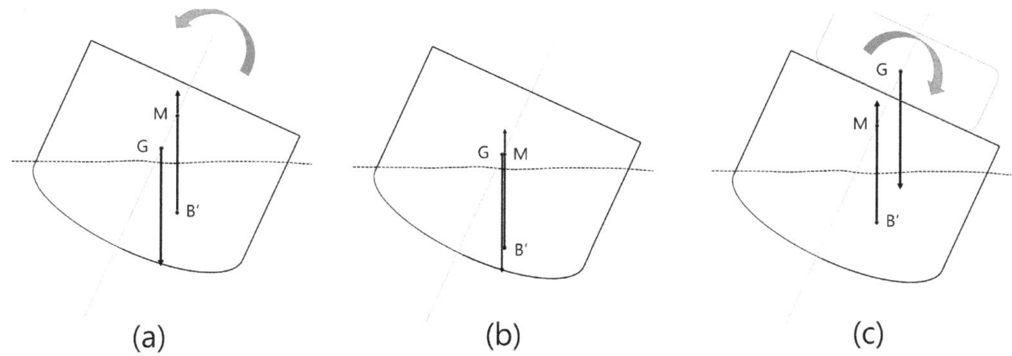

<그림 3-10> 선박의 안정 불안정 중립상태

통상 선박은 좌우 대칭 구조이므로, 무게 중심, 부심의 위치는 선박 중앙에 위치하고 있다고 가정하면, 그림과 같이 중량과 부력이 작용하는 방향을 방향만 다르며, 같은 선상에 위치하며, 이 두 힘이 결국 선박을 물위에 띄우게 된다.

선박의 무게중심(Center of Gravity, G)는 선박의 구조 및 화물의 배치된 위치에 따라 변화하며, 부력의 작용 중심점 부심 (B)는 선박 수면하 형상에 따라 변화하며, 그 위치는 수면하 체적의 기하학적 중심이 된다.

선박의 복원 성능(안정 및 불안정)은 선박의 무게중심(G, Center of Gravity)과 부심(B, Center of Buoyancy), 그리고 메타센터(M, Metacenter)의 위치 관계에 따라 결정된다.

이러한 상태에서 외란이 작용하여 선박이 기울어졌다고 가정한다.

그림 3-10과 같이 각각 중심 위치 G가 다른 선박이 외란에 의하여 기울어져 있는 경우를 가정한다. 여기서 M은 새로운 부심 B'에서 부력은 연직상 방향으로 작용하여 선체 중심선(Center line)과 만나는 점으로 경심(Metacenter, M)으로 정의한다. M점은 소각도 경사의 경우 그 위치가 일정하다. 이 경심의 위치(높이)에 따라 선박의 안정 불안정이 결정된다.

(a)와 같이, 선박이 경사되면, 선박 수면하 체적의 형상의 변화가 발생하고, 부심의 위치가 B에서 B'로 새롭게 변화한다. 선박 중심 G를 기점으로 중량은 연직하 방향으로 작용하고, 새로운 부심 B'에서 부력은 연직상 방향으로 작용한다. 이런 상태에서 외력이 사라지면, 부력 작용 방향과 중력 작용 방향이 서로 반대이고 그 힘이 같아, 원래 상태로 돌아가려는 짝힘(Coupled moment)이 발생한다. 즉 안정상태이다.

하지만, 외력이 더욱 가해져 경사가 커지거나, 상부에 화물이 적재되어 무게중심이 높아져 (c)와 같이 되면, 중량 작용방향과 부력 작용 방향이 이루는 짝힘이 오히려 선박을 더욱 경사

<표 3-7> 선박 안정 불안정

구분	내용	G와 M의 위치 관계
안정	선박이 기울어졌다 외력이 사라지면 원상태로 복귀	G가 M점 하방에 위치 GM > 0
불안정	외력이 사라지면 복귀하지 못하고 전복	G가 M점 위쪽에 위치 GM < 0
평형(중립)	외력이 사라지면 그 상태를 유지	G가 M점에 위치 GM = 0

지게 만드는 방향으로 작용하고 선박은 결국 전복에 이르게 된다. 즉 불안정 상태이다.

(b)의 경우는, G점이 M점과 동일한 위치에 있다. 이 상태에서는 외란이 가해지더라도 중량 작용선과 부력 작용선이 일직선상에 위치하고 있다. 따라서 짝힘이 발생하지 않고, 선박은 그 상태를 유지하게 된다. 즉 중립 평형 상태를 유지한다.

상기 세 가지 상태를 종합하여 보면, M점의 위치 및 G점과 M점 사이의 길이 값에 따라 안정, 평형, 불안정 상태가 결정된다. 이 값을 통상 GM이라 부른다.

안정상태의 경우 G점이 M점 하방에 위치한다. 이때 GM값을 양의 부호로 정의하고, GM>0 로 표현할 수 있다. 반면 G 점이 M점에 위치하면 GM=0 의 상태가 되어 평형 상태, G점이 M점 보다 위에 위치한 경우 GM<0 로 정의하고 이 경우는 불안정 상태에 이르게 된다. 즉 중심 위치, 경심 위치, 부심 위치의 상대 위치가 선박의 안정 불안정을 판별하는 중요한 요소 중 하나이며 최종적으로는 G점의 높이 즉 GM값이 선박 안정성 판별의 중요 척도가 된다.

GM 〉 0 이면, 안정
GM = 0 이면, 중립평형
GM 〈 0 이면, 불안정

3.2.3 초기 복원력 (Initial Stability)

모든 선박이 복원성능 (Stability)을 갖도록 요구되지만, 그 성능의 크기인 복원력은 선박마다 차이가 있다.

초기 복원력이란, 선박이 외력(예: 바람, 파도 등)에 의해 약간 기울었을 때, 다시 원래의

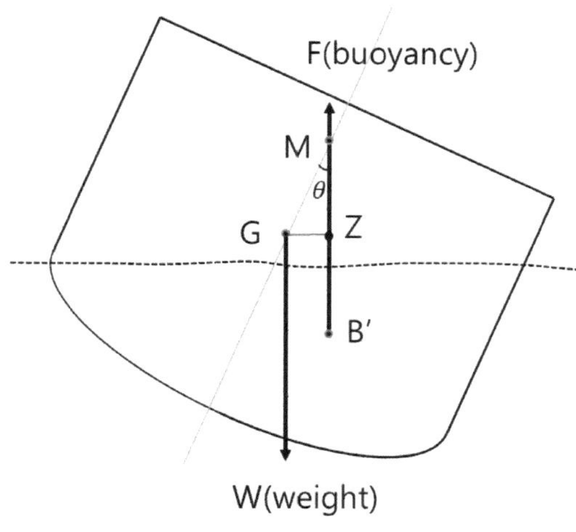

<그림 3-11> 경사시 선박 복원 원인

수직 상태로 돌아가려는 능력을 말한다. 일반적으로 경사각이 10도에서 15도 이하의 소각도 범위에서의 복원 성능을 의미하며, 이 범위의 복원 특성을 "초기 복원성" 또는 "초기 복원력(Initial Stability)"이라고 한다. 그 값을 측정하여 선박 안정성 여부 및 복원성능 크기를 판단할 수 있다.

그림 3-11과 같이 바람 등의 외란에 의하여 작은 각도로 경사하였다면, 선체 중량에 의한 힘(W)과 부력에 의한 힘(F)에 의한 짝힘(Force Couple)이 발생하고 선체는 원 상태로 되돌아가려고 할 것이다. 통상 짝힘은 아래와 같이 표현된다.

$$\text{짝힘의 모멘트} = F \times d$$

여기서

F: 두 힘 중 하나의 크기
d: 두 힘의 작용선 사이의 수직 거리 (팔 길이)

그림 3-11에서 G점은 선체 중심점, B점은 부력중심, B'는 기울어진 상태에서의 부력 중심, GZ는 중량에 의한 힘과 부력에 의한 힘 작용선 사이의 거리로 G점에서 부력작용선에 수직으로 연결된 점이 Z이다. GZ는 선박의 복원 성능을 나타내는 중요한 개념으로, 선박이 기울었을 때 복원력이 작용할 수 있는 기하학적 레버 암(lever arm)의 길이를 뜻한다. M점은 경심

(Metacenter, M)으로 부심의 연직수직선과 선체의 중앙선이 만나는 점이다.

이러한 경우, 선박이 원상태로 되돌아가려는 복원력(righting moment)는 짝힘의 개념에 따라 아래와 같이 표현된다.

$$\text{복원력} = \Delta \times GZ \ (\text{tonf m})$$

여기서, Δ는 선박의 배수량, GZ는 복원정(righting arm, righting lever)이다.

또한 이를 경사각에 따라 달라지는 GZ값을 반영하기 위하여 아래와 같이 GM을 이용하여 많이 표현한다.

$$\begin{aligned}\text{복원력} &= \Delta \times GZ \\ &= \Delta \times GM \times \sin\theta\end{aligned}$$

GZ값은 경사각도에 따라 달라지기 때문에, 경사각도에 따른 GZ값이 주어지면 쉽게 복원력을 구할 수 있다. 또한 GM값과 경사각이 주어지면 복원력을 구할 수 있다. 통상 GM(Metacentric Height: 메터센터 높이)은 다양한 방법으로 구해지며, 아래 관계식을 이용하여 많이 구한다.

GM = KB + BM - KG 혹은
GM = KM - KG

BM은 메타센타 반경(Metacentric radius)이라 부른다. B점은 초기 경사각도에서는 부심이 M점을 중심으로 반경 BM으로 하는 원을 그리며 이동하게 된다. BM은 B점이 이동하는 원의 반경을 의미한다.

KB는 부심의 높이를 의미하며, 1차 모멘트를 이용한 부피의 중심점을 이용하여 계산이 가능하며 통상 선박 실무에서는 유체정역학도표(Hydrostatic Table)나 유체정역학곡선(Hydrostatic curves)을 통하여 구할 수 있다.

KG는 무게중심을 의미하며, 1차 모멘트를 이용한 무게 중심점 추정으로 계산이 가능하다. 복원성능에서 KG 구하는 것은 상당히 중요한 절차 중 하나이다. 대체로 복원성을 결정하는 가장 중요한 요인은 무게중심의 높이이기 때문이다.

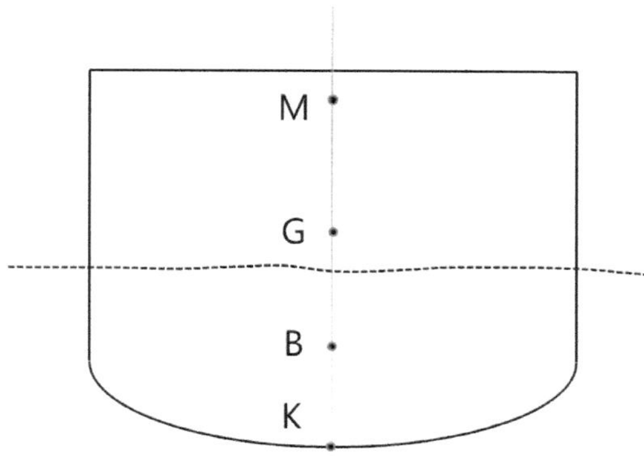

<그림 3-12> 복원성 관련 선박 주요 지점

<표 3-8> 복원성 관련 기호

기호	명칭	영문
K	용골(선저)	Keel
G	중력중심	Center of Gravity
B	부심	Center of Buoyancy
B’	변화된 부심	Inclined Center of Buoyancy
M	경심	Metacenter
GM	메터센터 높이	Metacentric Height
GZ	복원정	Righting Arm
KG	무게높이	Keel to Gravity
BM	메터선터 반경	Metacentric Radius
KM	K와 M의 거리	Keel to Metacenter
KB	부력 높이	Keel to Buoyancy

3.2.4 정적복원력 곡선(Statical stability curves)

배수량이 일정한 상태에서 선박을 다양한 각도로 경사시켜 각 각도에서의 복원정 GZ값을 도식하면 그림 3-13과 같이 된다. 이 곡선을 정적 복원력 곡선도(static stability curves)라고 한다. 이 곡선은 선박이 일정한 각도로 경사되었을 때, 선박 복원정(GZ: Righting Arm)의 크기를 나타낸 곡선이다. 복원정에 배수량을 곱하면 바로 복원 모멘트가 되기 때문에 결국 경사각에 따른 선박의 복원력을 나타낸 곡선이라 볼 수 있다. 선박이 외력에 의해 기울었을 때 복원하려는 능력이 경사각도에 따라 어떻게 변화하는지를 파악하는 데 사용된다.

그림에서 보는 바와 같이 경사각이 증가함에 따라 GZ의 값이 변화하며 그때의 GZ 값을 배수량(Δ, ton)과 곱하면 실제 선박에 작용하는 복원 모멘트(Righting Moment)를 구할 수 있다.

$$\text{복원 모멘트} = \Delta \times GZ$$

이 곡선은 선박의 배수량, 트림 상태에 따라 달라진다.

조선소에서는 선박이 건조될 때 이 도면을 제공하여 선박의 복원력을 쉽게 구할 수 있도록 하고 있다.

그림과 같이 경사각이 증가함에 따라, 복원정은 최대가 되었다가 다시 작아지면서 결국 0이 되고, 선박은 전복하게 된다. 복원정이 최대가 되었을 때 경사각을 최대 복원각(angle of maximum stability) 이라고 하며, 곡선이 기선과 만나 0이 되는 경사각도를 복원력 소멸각도(angle of vanishing stability)라고 한다.

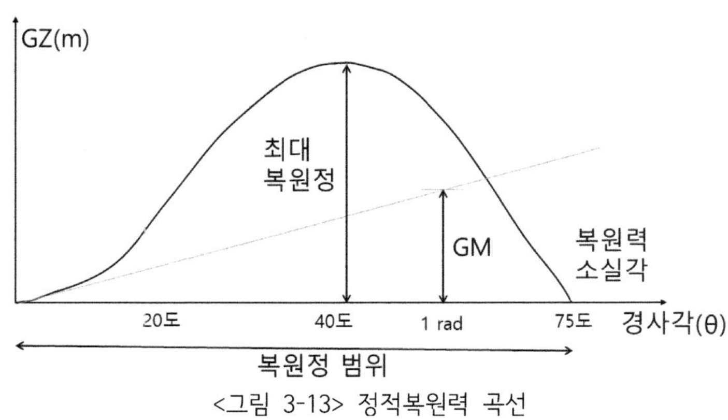

<그림 3-13> 정적복원력 곡선

이때부터 복원정은 음수 값을 갖게 되고 짝힘이 배를 더 기울이는 방향으로 작용하여, 선박은 전복에 이르게 된다. 원점부터 복원력 소멸 각도까지를 복원력 범위(range of stability)라고 한다. 통상 최대 복원각은 복원력 범위의 1/2 정도이다.

이 곡선으로 파악할 수 있는 중요한 정보 항목이 하나 더 있다. 바로 GM 값이다. 그 파악 과정은 아래와 같다.

선박의 경사각도가 작을 때는(초기 경사각 : 0~10/15도)

$$GZ = GM\sin\theta \approx GM \cdot \theta \ (\theta : radian)$$

$$\frac{GZ}{\theta} = GM$$

이 성립하고, 이 수식은 경사각 θ가 작을 때(보통 0° ~ 10° 또는 최대 15° 까지), $\sin\theta \approx \theta$(rad) 라는 근사를 사용하여 GZ ≈ GM · θ가 성립함을 보여준다.

따라서 GM은 GZ곡선의 경사각도 0에서의 순간 기울기로 생각할 수 있다. 따라서 정적복원력 곡선의 원점에서 접선을 그은 후 1 radian(57.3도)에서의 높이를 읽으면, 이 값이 초기 복원력의 기준이 되는 GM 값이 된다.

아래는 정적복원력곡선을 이용하여 파악 가능한 다양한 정보이다.

① GM 값

0도에 가까운 작은 각도에서 곡선의 기울기를 이용하여 메타센터 높이(GM) 도출이 가능하다.

② 최대 복원정(Maximum Righting Arm, GZ_{max})

GZ 곡선의 가장 높은 점이 최대 복원정 값이다. 이 값이 클수록 선박은 해당 각도에서 가장 큰 복원 모멘트를 가진다.

③ 최대 복원정이 발생하는 각도(Angle of Maximum GZ)

최대 GZ 값이 발생하는 경사각이다. 일반적인 선박은 25도에서 40도 사이에 위치한다. 이 각도는 선박이 복원력을 가장 잘 발휘하는 경사각이다.

④ 복원력 소멸각(Angle of Vanishing Stability)

복원정이 0이 되는 각도로, 이 각도를 넘어서면 선박은 더 이상 복원력이 없고 전복사고로 이어진다. 이 값이 클수록 선박은 더 넓은 각도까지 복원 능력을 유지할 수 있으며, 안전한 선박이다.

⑤ 복원 가능한 경사각 범위 (Range of Stability)

복원정 값이 양(+)의 값을 가지는 각도 범위, 즉 0도부터 복원력 소멸각까지의 범위이다. 이 범위가 넓을수록 선박은 다양한 외력에도 안정적으로 복원될 수 있다.

⑥ 최대 복원 모멘트 (Maximum Righting Moment)
최대 GZ 값에 선박의 배수톤수(Δ)를 곱한 값으로, 실제 선박이 복원하는 데 사용할 수 있는 최대 복원력 값이다. 단위는 일반적으로 톤-미터(t·m)이다.

⑦ 동적 복원력 (Area under the GZ Curve)
GZ 곡선 아래 면적은 선박이 특정 각도까지 기울어지기까지 소요되는 일의 양을 의미한다. GM과 함께, IMO에서 규정한 선박 복원성 기준 중 법적으로 충족해야 하는 주요 요소 중 하나이다. 면적이 넓어야 선박은 잘 기울어지지 않는다.

3.2.5 복원력 교차 곡선

3.2.5.1 복원력교차곡선(Cross Curves of Stability)

복원력교차곡선(Cross Curves of Stability)은 선박이 일정한 경사(Heel Angle)로 기울었을 때, 다양한 배수량(Displacement) 조건에서 복원정(GZ: Righting Arm) 값을 도식화한 곡선이다. 선박의 배수량 또는 트림 상태에서 다양한 경사각을 가졌을 때 나타나는 복원력의 변화를 나타낸다.

작성 방식은 다음과 같다. 우선 하나의 기울기 각도(예를 들어 10도 횡경사)를 고정한 상태에서, 배의 배수량을 변화시켜가며 해당 조건에 대한 복원정(GZ)을 계산하여 해당 기울기에서의 GZ 곡선을 작성한다. 그리고 경사 각도를 바꾸어 똑같은 과정을 반복하여, 여러 선박의 횡경사 각도에 대해 복원정값을 도식하여 결국은 선박 횡경사 및 배수량 변화에 따른 GZ 값을 곡선으로 나타낸다. 이 곡선들을 총칭하여 교차복원력 곡선이라 한다.

이 곡선은 실제 선박의 복원 성능을 평가하거나 예측할 때 매우 유용한 기초 자료로 활용된다. 예를 들어, 선박이 특정한 적재 상태(Loading Condition)를 가질 때, 복원력 교차 곡선에서 해당 기울기 각도와 배수량에 대응하는 GZ 값을 추출하여, 이를 바탕으로 정적복원력 곡선(Statical Stability Curve)을 작성할 수 있다.

이러한 정적복원력 곡선은 선박이 기울었을 때 선박의 복원 안정성(Stability) 평가에 있어 중요 도구이다.

교차복원력 곡선을 활용하면 다양한 배수량에 대한 복원력을 비교 분석할 수 있게 해주며, 이를 기반으로 실제 선박의 적재 상태에 따른 복원력 특성을 예측할 수 있다.

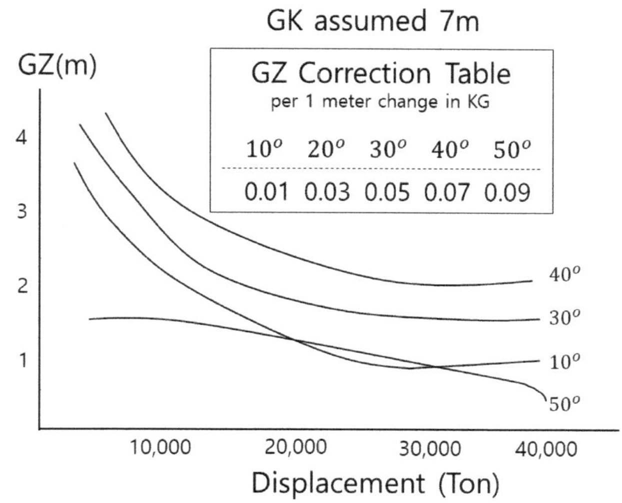

<그림 3-14> Cross Curves of Stability

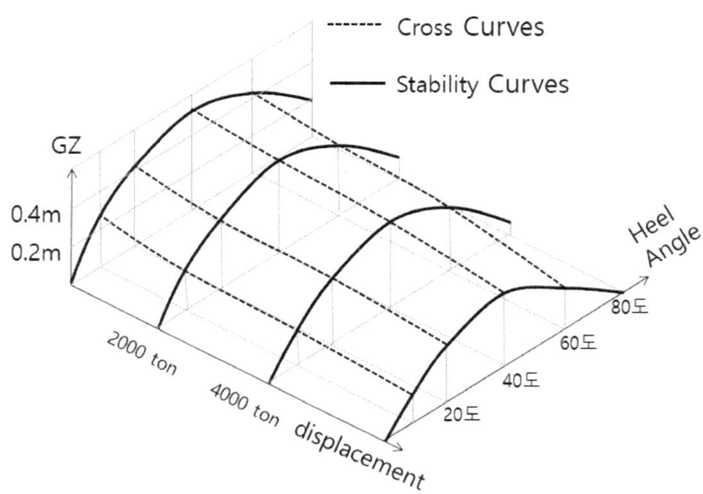

<그림 3-15> Cross Curves of Stability 개념

3.2.5.2 KN Table

한편, 선박의 무게중심은 선박의 항해가 진행함에 따라, 연료 감소, 청수 사용, 평형수 배출 등에 원인으로 그 값이 변화한다. 따라서 이러한 모든 가능한 경우에 GZ 곡선을 직접 계산하는 것이 필요하게 된다. 이를 위해 선박에 제공되는 것이 KN Table이다.

그 목적은 다양한 KG값에 대응하여 GZ을 손쉽게 구할 수 있도록 고안되었다. 선박의 배수량과 횡경사에 따라 선박 설계 시 미리 계산된 KN 값을 제공함으로써, 무게중심만 알면 손쉽게 GZ값을 도출할 수 있다. 아래 그림에서 보는 바와 같이 특정 기울기, 특정 무게중심 상태에서 GZ값은 KN 값을 알면 손쉽게 도출 가능하다. 아래 그림은 실습선 새누리호에 제공된 KN Table이다. 이에 의하면 횡경사가 커짐에 따라 KN값이 점점 커지고 있음을 알 수 있다. GZ값은 아래 식과 같이 KN 값과 무게중심(KG)을 이용하여 구한다.

$$GZ = KN - KG \cdot \sin\theta$$

여기서,

KN: 선박기선(K)에서 부력 작용선까지의 수직 거리(KN Table)

KG: 선박 무게중심 높이

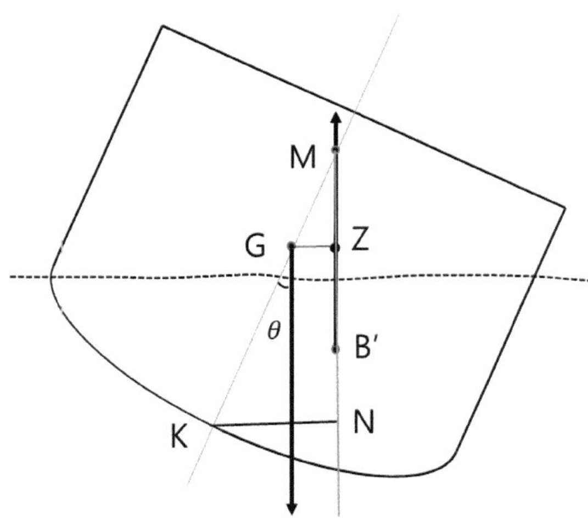

<그림 3-16> KN 도식

<표 3-9> 새누리호 KN Table

3,500 TON CLASS TRAINING SHIP
TABLE OF KN VALUES

THE TABLE APPLIES FOR TRIM= 12,000 IN UPRIGHT CONDITION
ANGLE OF HEEL

DISPL	0.1	5.0	10.0	20.0	30.0	40.0	50.0	60.0	70.0	80.0
5300	0.014	0.688	1.371	2.704	3.980	5.008	5.674	6.048	6.180	6.105
5400	0.014	0.687	1.370	2.706	3.980	4.996	5.657	6.030	6.162	6.089
5500	0.014	0.686	1.369	2.707	3.979	4.983	5.639	6.011	6.144	6.072
5600	0.014	0.686	1.368	2.709	3.980	4.969	5.621	5.993	6.128	6.057
5700	0.014	0.685	1.367	2.709	3.977	4.954	5.602	5.974	6.111	6.043
5800	0.014	0.685	1.366	2.710	3.973	4.940	5.583	5.956	6.095	6.029
5900	0.014	0.684	1.366	2.711	3.968	4.924	5.564	5.937	6.079	6.017
6000	0.014	0.684	1.365	2.713	3.963	4.907	5.544	5.918	6.063	6.004

3.2.6 대각도 경사 복원력

선박이 15도 이상의 대각도 경사를 하면 소각도 경사할 때와 차별화된 방식을 이용하여 복원력을 구하여야 한다. 선박이 큰 경사각으로 기울면, 부력 중심(B)의 위치가 비선형적으로 이동하고, 수선면 형상도 복잡하게 변형되므로, 초기 안정성에서 사용되는 GZ = GM × sin(θ) 공식을 그대로 적용하기 어렵다. 소각도 경사시는 선체 중심선을 지나던 새로운 수선이 대각도 경사시는 선체 중심선을 지나지 않는다. 또한 M점이 이동하게 된다.

이러한 상황에서 Attwood의 공식을 이용하여 복원정(GZ)을 구한다.

그림과 같이 선박이 대각도 경사되었다고 가정하면, 물위로 드러난 부분 잠긴 부분의 용적 중심을 각각 g, g'라 하고, 각각의 용적을 v라 하자. B'는 경사로 인한 새로운 부심위치이며, h, h'는 g, g'에서 수직으로 내린 점이다. 또한 Z, R은 각각 G, B점에서 새로운 부심이 작용하는 선으로 수직으로 내린 점이라 하자.

$$\text{복원력} = \Delta \times GZ$$

에서 GZ를 구하기 위해 아래와 같은 과정을 거친다.

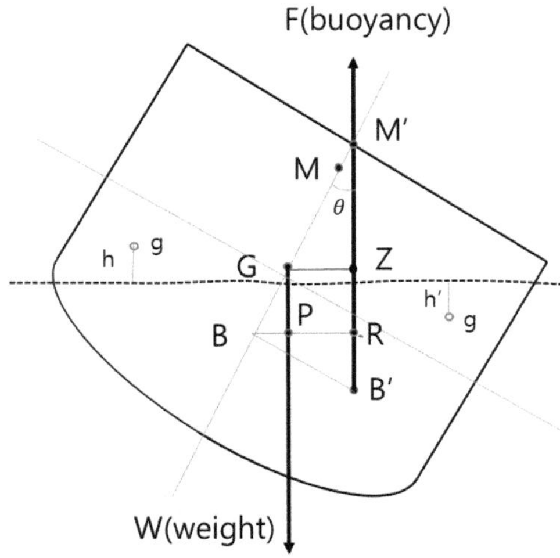

<그림 3-17> 대각도 복원력

선박의 수면하 전체 용적 V, 쇄기 용적 v, 부심의 이동 거리 BB', 쇄기 용적의 이동거리 gg' 사이에는 모멘트 원리에 의하여 다음이 성립한다.

$$V \times BB^{'} = v \ \times \ gg^{'}$$

$$BB^{'} = \frac{v \times gg^{'}}{V}$$

또한 hh', v, BR, V 사이에도 동일하게 다음 식이 성립한다.

$$V \times BR = v \times hh^{'}$$

$$BR = \frac{v \times hh^{'}}{V}$$

복원력을 구하기 위한 복원정 길이 GZ는 BR에서 BP를 빼면 구할 수 있다.
대각도 경사 복원력은

$$\Delta \times GZ = \Delta \times (BR - BG\sin\theta)$$
$$= \Delta \times (hh' \cdot \frac{v}{V} - BG\sin\theta)$$

와 같이 구할 수 있다.

이 식에서 BR 항목과 BG 항목은 각각 여기서 형상복원력 (Form Stability) 및 중량복원력 (Weight Stability)라 불린다.

형상복원력(Form Stability)은 선박의 선체 형상, 특히 수면 아래 침수 형태의 변화로 인해 발생하는 복원력으로, 선박이 기울면, 수면 하 부피 분포가 비대칭으로 바뀌며, 이로 인해 부력 중심(B)이 선체 중앙선에서 바깥쪽으로 이동하게 된다. 이 부력 중심의 수평 이동은 복원 모멘트를 발생시켜, 복원력이 발생한다. 일반적으로 선폭이 넓으면 이 형상복원력이 커진다. 주로 경사초기 복원력 형성에 역할을 한다. 형상복원력은 선체 형상(hull shape)과 선폭(beam), 흘수(draft), 건현(freeboard) 등 외형적 요소에 의해 결정된다.

중량복원력(Weight Stability)은 선박의 무게중심(G)과 중량 분포에 의해 발생하는 복원력으로 선박의 무게중심(CG)이 부력중심(CB)에 비해 얼마나 낮은가에 따라 크게 좌우된다. 일반적으로 무게중심이 낮을수록 복원력은 커진다. 그림에서 보는 바와 같이 무게중심이 낮아질수록 G와 B 사이의 수평 거리인 GZ(복원정)이 생긴다. 이 복원정에 의해 발생하는 복원력을 의미한다. 중량의 위치에 따라 그 값의 크기가 결정된다. 통상 중량중심이 낮을수록 복원력이 커지고, 경사각도 전 범위에 걸쳐 큰 역할을 한다. 중량복원력은 내부 무게 중심(Center of Gravity)의 위치와 중량 분포에 따라 결정된다.

3.2.7 동적복원력(Dynamical stability, DS) 곡선

앞에서 언급한 정적복원력(Static stability)과 함께 선박의 안정성을 판단하는 중요한 척도 중 하나는 동적복원력(Dynamical stability, DS)이다.

정적복원력은 선박이 원상태로 되돌아가려는 복원모멘트(righting moment) 즉 모멘트임에 반하여, 동적 복원력은 선박이 특정 각도까지 기울어질 때까지 필요한 일량의 개념이다.

통상 일의 개념은 힘×거리로 표현되지만, 선박과 같이 회전체의 경우는 토크×회전각 혹은 모멘트×회전각으로 표현된다. 바람과 같은 외란이 선박에 가해져서 선박을 서서히 경사시킨다고 가정하면 경사가 발생하는 순간 선박은 복원력에 의해 원 상태로 돌아가려고 한다. 하지만, 이를 이겨내면서 경사를 계속 발생시켰다는 것은 결국 외란이 선박에게 일을 가해 선박이 특정 각도까지 기울도록 하였다는 의미가 된다.

따라서 선박을 특정 각도까지 경사시키는데 필요한 일의 양은 모멘트와 경사각의 곱으로 구하여 진다. 여기서 모멘트는 선박의 복원력에 해당된다. 따라서 선박이 특정 각도 θ까지 경사되기까지 필요한 일의 양 즉 동적 복원력은

$$\text{동적 복원력} = \int_0^\theta \Delta \cdot GZ \cdot d\theta = \Delta \int_0^\theta GZ \cdot d\theta$$

로 구할 수 있다.

이 식은 그림과 같이 정적복원력 곡선의 아래 면적을 구하면 동적 복원력이 구할 수 있음을 의미한다. 정적복원력 곡선이 있으면, 동적 복원력을 쉽게 구할 수 있다.

정적복원력과 동적복원력은 모두 선박의 복원성 판정에 중요한 척도이다. 이 둘에 대한 구분 및 이해가 필요하다. 특히 IMO 복원성 규정에는 GM 뿐만 아니라 동적복원력 개념인 GZ 곡선 하부의 면적을 일정 값 이상을 요구하고 있다. 항해사 입장에서는 선박의 복원성을 고려할 때 단순히 GM만 고려하면 안되며, GZ 곡선 전체의 형상 특히 곡선의 면적에 대해서 검토를 해야 한다.

그림 3-18에서 선박 a와 선박 b의 GZ 곡선이 표시되어 있으나, a의 경우 b에 비하여 초기 GM 값은 클 수 있으나, GZ 곡선 하부 면적에서 b 선박이 우수하다. 따라서 선박의 복원성은 정적복원력 및 동적복원력 양면을 모두 고려하여야 한다.

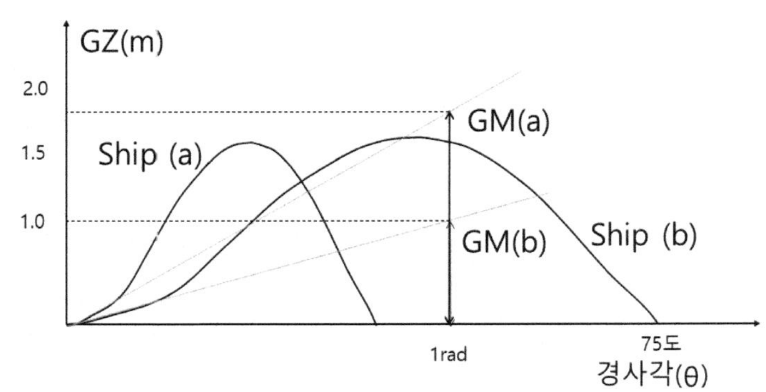

<그림 3-18> 두 선박의 GZ 곡선 비교

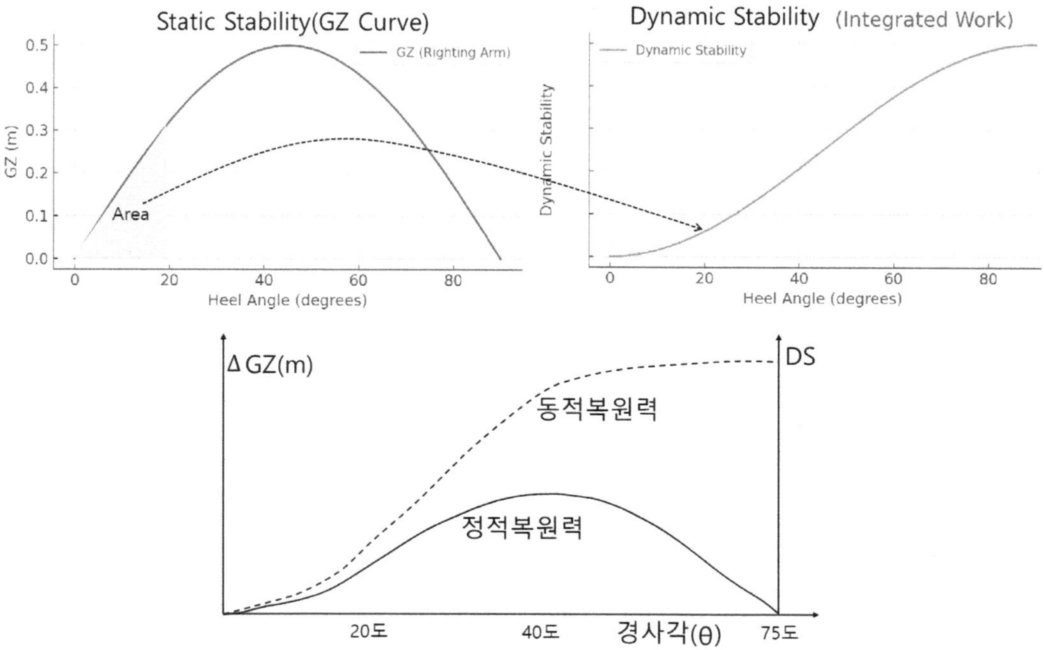

<그림 3-19> 동적 복원력곡선과 정적복원력 곡선 관계

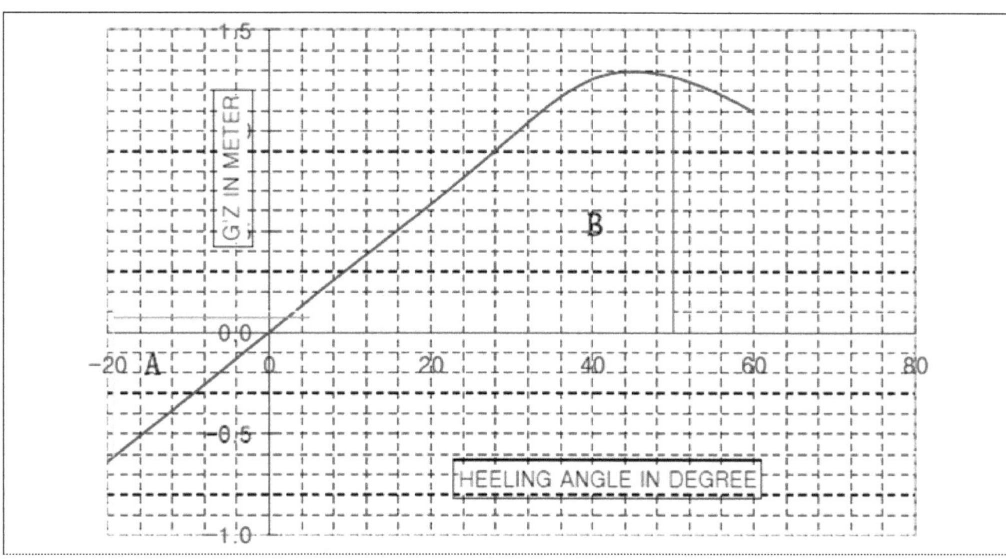

Stability Criteria(IMO Res. A167)	Acutual	Criteria
Area under curve up to 30	0.206 m-rad	0.055
Area under curve up to 40 or θ_f, whichever is less	0.367 m-rad	0.090
Area between 30 and 40 or θ_f, whichever is less	0.161 m-rad	0.030
GZ at angle of Heel equal to or greater than 30	1.3 meter	0.2 meter
the angle at which the max. GZ occurs	45 deg	25 deg
the initial metacentric Height(GM)	1.55 meter	0.15 meter
Flooding angle(θ_f) ≧ 40 Therefore 40 deg is adopted		

<그림 3-20> 새누리호 GZ 곡선 및 동적복원력

<표 3-10> 정적복원력과 동적복원력

	정적복원력(Static Stability)	**동적복원력**(Dynamic Stability)
정의	특정 경사각에서 선박이 복원하려는 모멘트	선박을 특정각도까지 기울게 하는데 소요되는 일의 양
표현법	특정 각도에서 GZ 값	특정 각도까지의 GZ 값의 면적
단위	ton m(=모멘트)	ton m rad(=일)
수식	$(\triangle)\, GZ$	$(\triangle)\int GZ\, d\theta$

그림 3-20은 실습선 새누리호의 GZ 곡선이며, IMO 복원성 규정에 의하여 동적복원력 항목을 분석한 결과를 표시하고 있다. 이 표에 의하면 새누리호는 0도에서 30도까지 소요되는 동적복원력 항목이 "0.206 M × RAD"으로 계산되고 있다. 즉 30도까지 GZ 곡선의 면적이 계산되고 있다.

한편, 선박이 특정 각도까지 경사하게 되면, 선박의 경사로 인하여 위치 에너지가 증대하게 된다. 즉 선박의 중심이 상승하는 양, 선박의 수면하 체적이 가라앉아 부심의 위치가 하강하는 양 이 둘의 양에 의하여 동적 복원력이 결정될 수도 있다. 즉 중심의 상승량과 부심의 하강량 합에 배수량을 곱하여 구할 수 있다.

배에 해준 일 = 중심과 부심의 연직 상하 방향 이동 거리 합 × 배수량

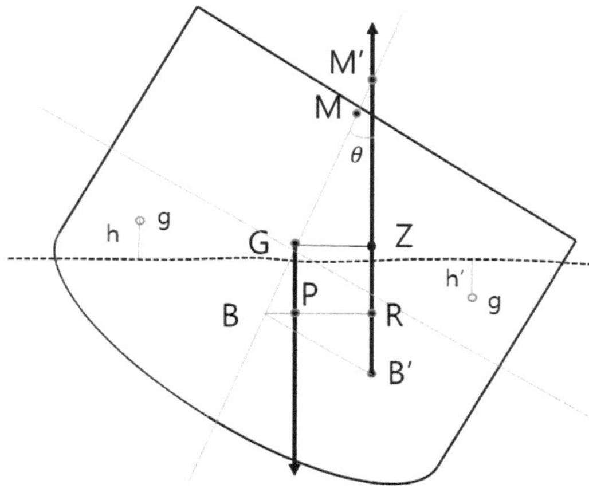

<그림 3-21> 동적 복원력

그림 3-21과 같이 배가 경사졌다고 하였을 때, 수면 위로 나온 쇄기와 수면 밑으로 들어간 쇄기 부분의 중심은 각각 g, g'로 표시할 수 있다. 이 두 점에서 새로운 수선 W'L'에 내린 점을 각각 h, h'라 하자.

경사졌을 때 중심과 부심간의 연직거리는 B'Z, 직립상태에서의 중심과 부심간 연직거리는 BG이다. 따라서 경사로 인한 중심과 부심의 연직이동 거리는

$$B'Z - BG$$

로 나타낼 수 있고,

$$동적복원력 = 배수량 \times (B'Z - BG)$$

여기서

$$B^{'}Z = B^{'}R + RZ = B^{'}R + BG\cos\theta$$

이며, 한쪽 쇄기 용적을 v, 배의 용적을 V로 하면

$$v(gh + g'h') = V \cdot B'R,\ B'R = \frac{v \cdot (gh + g'h')}{V}$$

을 대입하면

$$B'Z = \frac{v \cdot (gh+g'h')}{V} + BG\cos\theta$$

따라서 동복원력(Dynamic Stability,DS)은

$$DS = \triangle\left[\frac{v \cdot (gh+g'h')}{V} - BG(1-\cos\theta)\right]$$

의 식으로 계산될 수 있다. 이 식을 모슬리 (Moseley) 공식이라 부른다.

3.2.8 Angle of Loll(처진 경사각)

선박이 수직상태에서 무게중심(G)점이 경심(M) 보다 위쪽에 위치하고 있으면, 그 선박은 작은 외란에 의해 경사하여 원래 상태로 돌아오지 못하고 기울어진 상태를 유지하고 있는 경우가 있다. 이런 경우 기울어져 있는 각도를 angle of loll이라 한다. loll 단어 자체가 힘없이 늘어져 처져 있는 상태를 의미하며, 선박의 복원성 분야에서는 선박이 직립 상태에서 음(-)의 복원성을 갖고 있어, 한쪽으로 힘없이 기울어져 있는 상태를 의미한다.

그림 3-22와 3-23에서 보는 바와 같이, 초기 복원력 즉 GM(Metacentric Height) 값이 음수인 선박이 약간 기울게 되면, 선박을 더욱 기울게 하는 모멘트가 발생하여 더욱더 경사가 발생하게 된다(그림 b).

선박이 점점 경사하여 경사각이 증가하게 되면, 부력중심이 중심 밖으로 더욱 이동하게 되면서, 경심의 위치가 초기 경심에서 이동하게 된다. 어느 순간에는 무게 중심(G)위치와 경심(M)이 일치하게 되고 선박은 이 상태까지 계속 경사가 발생한다(그림 c). 이 상태가 되면, 경사 모멘트가 0이 되면서 중립 평형(neutral equilibrium) 상태가 되고, 선박의 기울기는 멈추고, 선박은 기운 상태를 유지하게 된다.

이때의 경사각도가 바로 angle of loll이 된다. 이 경사각에서 어떤 외란(바람, 파도 등)에 의해 더 큰 각도로 기울게 되면(그림 d) 다시 양(+)의 복원모멘트가 생성되어 선박은 다시 평형 위치로 돌아가려고 하며 최종적으로는 그림 c 상태의 경사를 유지하고 멈추게 된다.

선박에는 지속적인 경사각이 발생하게 되며, 이는 선박의 운항에 치명적인 영향을 미치게 된다.

요약하면, loll angle이란 “초기 GM 값이 음수인 선박이 정수 상태(still water)에서 균형을 이루는 각도"로 정의될 수 있다.

선박에서 loll angle이 발생하는 원인은 다양하지만, 가장 일반적인 원인 중 하나는 자유표면 효과(Free Surface Effect)와 선적 중량 변화에 따른 무게중심의 상승효과이다. 결국 무게중심(G)이 경심(M) 보다 높은 위치로 이동한 것이 원인이라 말할 수 있다. 항해중에 이러한 현상이 발생하지 않도록 항해사는 유의가 필요하다.

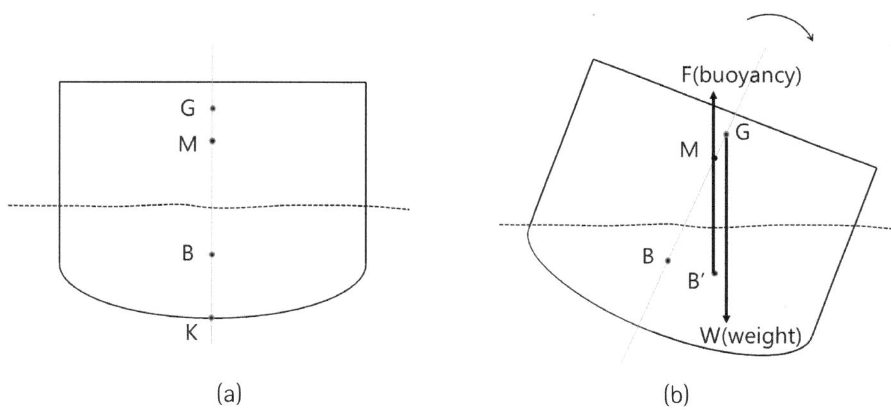

<그림 3-22> loll angle (1)

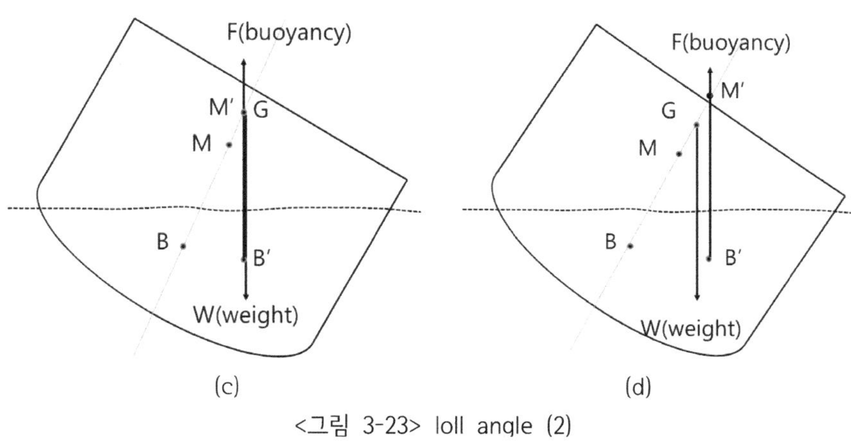

<그림 3-23> loll angle (2)

이러한 선박의 정적 복원력 곡선을 도식하면 그림 3-24와 같이 나타낼 수 있다.

이 곡선에서 loll 각에서는 GZ값이 0이라는 것을 알 수 있다. 또한, loll 각보다 작은 경사각에서는 GZ가 음수(negative)이며, 이는 복원력이 없는 불안정 상태를 의미한다. 반면, loll 각보다 큰 경사각에서는 GZ값이 양수(positive)가 되어 선박은 복원력을 갖게 된다. 이 양의 복원력은 선박을 복원 가능한 최대 범위(vanishing stability)까지 복원시키는 역할을 한다. 복원력의 범위는 loll 각에서 복원력 소실각도까지를 의미한다.

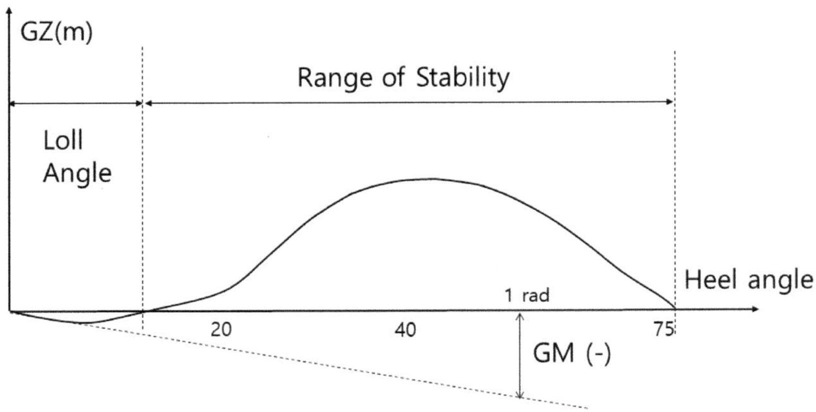

<그림 3-24> loll angle 발생 선박의 GZ 곡선

계산을 통하여 loll angle을 개략적으로 예측할 수 있다.

연구에 의하면 벽면(wall-sided) 공식으로 아래와 같이 loll angle이 계산된다.

$$\tan\theta = \sqrt{\frac{2\,GM}{BM}}$$

여기서,

θ : loll angle

BM: Metacentric Radius(메터 센터 반경)

위의 공식을 활용하면, 초기 상태의 음의 GM 상태인 선박의 경사각(loll of angle)을 미리 예측이 가능하다. 또한 loll에 의해 경사진 각도를 이용하여 초기 GM값 유추도 가능하다.

선박 운항자 입장에서는 화물 적재 및 유동수 영향에 의하여 음의 복원력이 발생할 경우 loll angle이 발생할 수 있음을 염두에 두어야 한다. 화물, 평형수 등의 이동에 의하여 선체 무게중심이 선체 기하학적 중심에서 벗어나 발생하는 list와 음의 복원력에 의해 발생하는 loll 현상을 잘 구분해야 한다.

○ 선박이 기울어졌을 때 loll 현상이라 판단할 수 있는 방법
- 선박이 수직 직립 상태를 유지하지 못함
- 바람이나 파도 영향으로 좌현 및 우현으로 번갈아 가면서 경사되어 고정됨
- 경사된 상태에서 좌우로 매우 느리고 길게 rolling 운동을 함

특히 선박이 좌우로 교대로 경사되어 그 각도에서 고정된다면 이때는 선박이 음의 복원력이 되었고, 이로 인해 loll 현상이 발생하였을 확률이 아주 높다.

○ loll 발생 시 안전 조치
- 화물창 해수 유입 여부 확인
- 갑판상이나 탱크 내 유동수 영향을 제거 함
- 화물 배치를 재 수행하여 무게 중심을 낮춤

특히 항해 중에 선박이 list가 발생하였다고 해서 loll 발생 여부를 검토하지 않고, 기계적으로 평형수 등을 이동시켜 임시적인 선박 경사 완화 조취를 한다면 이런 행위는 대단히 위험할 수 있다. 이런 조치는 오히려 선박의 복원성을 더욱 악화시키기 때문에 많은 주의가 필요하다.

▼ 예제 1

특정 선박이 loll 발생 현상에 의하여 경사 12도가 발생하였다. loll 발생의 원인이 되는 음의 값 GM을 구하라.

단, KM = 9.2 m, KB = 3.1 m이다.

▽ 풀이

$$\frac{(\tan\theta)^2 \times BM}{2} = GM$$

경사각 12도에 의해 tan(12도) = 0.212557

BM = KM - KB = 6.1 m

GM = (−)0.1378 m

3.2.9 IMO 복원성 규정

IMO에서는 선박의 복원성에 대한 기준을 규정하고 있다. 2008 IS Code라 불리는 "International Code on Intact Stability, 2008(2008 IS Code)"에서 전체내용을 규정하고 있으며, 그 내용은 1993년 채택된 IMO Resolution A.749(18)에 기반하고 있다. 이 규정에서는 선종에 따라 다양한 복원성 규정을 언급하고 있다.

GM 이외에도 동적복원력 확보를 강제화하기 위해, GZ 곡선 밑의 면적을 어느 정도 이상 확보할 것으로 요구하고 있다. 선박을 항해하는 항해사는 GM뿐만 아니라 이러한 요소에 대한 기초 지식이 필요하며, 출항 전 반드시 이를 확인하여야 한다.

3.2.9.1 일반 규정

표 3-10은 IMO의 복원성 기준 중에서 일반 선박(상선 및 여객선)에서 요구하는 주요 기준 항목(Criteria)들을 보여준다.

No.1부터 No.8까지의 8가지 복원성 파라미터는 일반적으로 화물선(cargo ships)에 적용되는 기준이다. 여객선의 경우 두 가지 기준이 추가된다. 주요 내용은 승객이 한쪽에 쏠리거나, 조타 조작에 따른 선박의 횡경사를 일정 각도 이내로 한정하고 있다.

항해사는 복원성하면 통상 GM이 가장 중요하다고 생각하고 있으나, 그 외에도 다양한 항목이 복원성 기준에 포함되어 있음을 고려해야 한다.

다양한 항목의 개요는 아래와 같다.

GM: 중량 중심(center of gravity)과 횡 메타센터(transverse metacenter) 사이의 거리
GZ_{30}deg : 경사각 30도에서의 복원정(righting arm)
$Angle_{max}$GZ: GZ 값이 최대가 되는 순간의 경사각
$Area_{0\text{-}30}$deg: 경사구간 0-30도 구간의 면적 (a)
$Area_{30\text{-}40}$deg: 경사구간 30-40도 구간의 면적 (b)
$Area_{0\text{-}40}$deg: 경사구간 0-40도 구간의 면적 (a+b)

그림 3-25 곡선 아래의 면적 중 "a", "b", "a+b" 세 영역을 보여주며, 이는 GZ 곡선 아래 각 경사각 구간에 대한 면적이다. 즉 동적복원성에 해당된다.

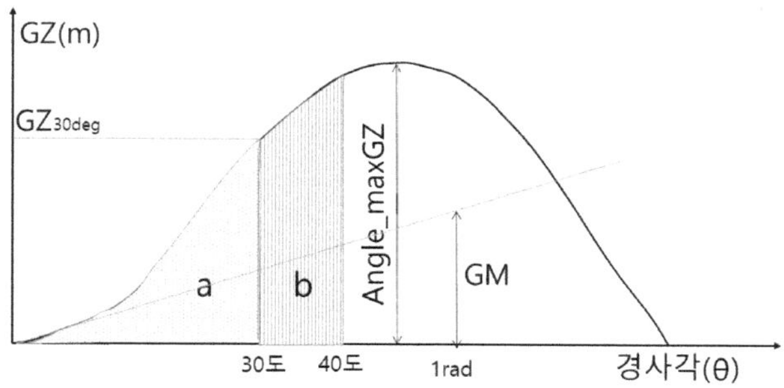

<그림 3-25> IMO GZ 곡선 면적 Criteria

<표 3-11> IMO Stability Criteria

복원성 항목		IMO 규정(Criteria)
GM		0.15 m
Heel angle at Max GZ value	(deg)	25 deg
GZ at 30 deg	(m)	0.2 m
Area under GZ curve, 0-30 deg	(m-rad)	0.055 m-rad
Area under GZ curve, 30-40 deg	(m-rad)	0.09 m-rad
Area under GZ curve, 0-40 deg	(m-rad)	0.03 m-rad

3.2.9.2 여객선 복원성 규정

여객선의 경우 일반 선박 복원성 규정에 추가적인 항목이 많이 있지만 그중 주요한 2가지 항목은 아래와 같다.

① 승객혼잡(Crowding of passenger) 규정으로 승객이 한쪽 현(one side)에 쏠려 있을 때 이로 인한 선박 경사각도를 10도 초과하지 못하도록 하는 규정이다. 이는 횡경사각 10도에 있어서의 복원정(GZ_{10})이 여객의 횡이동에 따른 경사우력정의 값보다 클 것을 요구하는 규정이다.

$$GZ_{10} > \frac{M_P}{W}$$

여기서,

GZ_{10} : 10도에서 GZ값
M_P : 승객이 한쪽 현에 쏠렸을 때 발생하는 모멘트
W : 배수량

② 선회에 따른 횡경사(angle of heel on account of turning) 규정으로 조타시 선박 횡경사를 10도 이내로 규정하고 있다. 이는 횡경사각 10도에 있어서의 복원정(GZ_{10})이 선회에 의한 경사우력정($\frac{M_R}{W}$) 이상일 것을 요구하는 규정이다.

$$GZ_{10} > \frac{M_R}{W}$$

여기서,

GZ_{10} : 10도에서 GZ값
M_R : 타 작동에 따른 선박의 경사 발생 모멘트

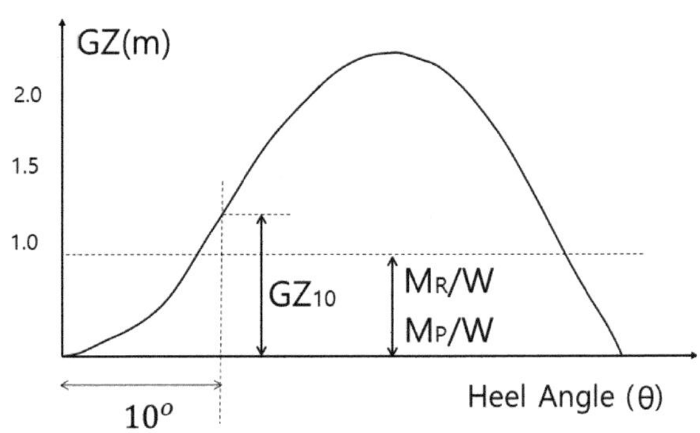

<그림 3-26> 여객선 경사우력정 Criteria

3.2.9.3 풍압 우력 규정

위에서 언급한 일반적인 복원성 항목이외에도 IMO에서는 weather criterion(Severe Wind and Rolling Criterion)을 설정하고 있다.

이 기준은 선박이 횡풍과 파랑이 동시에 작용하는 환경에서도 전복되지 않고 복원할 수 있는 능력을 평가하는 기준이다. 이 기준은 IMO 복원성 규정(IS Code)의 핵심 항목 중 하나이다.

① 풍압에 의한 경사 발생

지속적인 풍압(steady wind pressure)이 선박에 작용하면 그에 따라 풍압 복원정(lw1)이 발생하며 풍압은 선박을 균형 위치에서 경사각 ϕ_o을 발생시킨다.

이때 경사각은 16도 또는 갑판 모서리 침수 각도의 80% 둘 중 더 작은 값을 초과하지 못하도록 규정하고 있다.

② 돌풍에 의한 안전성 기준

또한 그림에서 바람 돌풍은 평균속도를 고려하여 풍속이 증가될 때 기준으로 안전성을 판별하는 좌우 횡요시 좌우 면적(한 일의 양)을 비교 분석하는 규정이 존재한다.

면적 b가 a보다 같거나 크게하여 선박이 외부 파랑 등의 전복 유발 요인에도 견딜 수 있는 능력을 담보하도록 규정하고 있다.

상기와 같은 조항이 규정된 배경은 아래와 같다.

선박은 바람이나 파랑에 의해 횡동요(Rolling)하게 되며, 경사우력(heeling moment)을 배수량으로 나눈 값이 해당하는 각도로 선체가 기울어지게 된다. 선박이 동적인 Rolling 운동을 할 경우, 파랑 및 바람이 선박에 가하는 경사우력에 의해 선체에 행하는 일의 양에 의해 안전성을 판별할 수 있다.

바람의 경우 돌풍(gust)은 평균속도의 1.5배로 증가할 수 있으므로, 이를 기준으로 안전성을 판별하는 것이 안전하다. 이때 선박은 좌우로 횡요하며 복원력에 의해 선체가 감당

<표 3-12> weather criterion

항목	규정
풍압에 의한 발생 경사 (ϕ_o)	ϕ_o 〈 16도 또는 갑판침수각 80% 둘중 작은값
돌풍에 의한 안전성 기준	b ≥ a

할 수 있는 면적(우측 면적)이 파랑이나 바람이 선체에 가한 일(좌측 면적)보다 커야 배는 전복되지 않는다.

바람 및 파랑에 의해 한쪽 방향으로 횡경사가 발생하고 그 반대 방향으로 경사될 때 선박이 충분히 그 경사를 흡수할 수 있어야 한다는 의미이다.

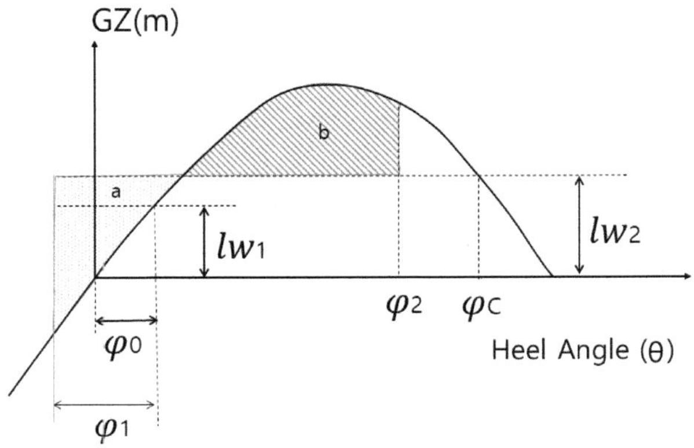

<그림 3-27> Several wind and rolling

φ_0: 지속적인 바람에 의한 발생 경사각 (angle of steady wind heel)

φ_1: 파도에 의해 추가로 발생한 경사각

φ_2: 개구부 침수각, φc, 50도 중 가장 작은 값

φ_c: GZ와 lw_2이 두 번째로 만나는 지점 각도

3.3 GM 계산

선박의 복원력을 판단하는데 여러 가지 방법이 있으나, 중요 항목 중의 하나는 메타센타 높이 (Metacentric height, GM)를 계산하거나, 실험으로 측정하여 복원력을 알아내는 것이다. 항해 개시 전 또는 항해 중 선장, 항해사 들은 본선의 GM에 신경을 쓰고, 안전한 항해가 가능한지 미리 검증하여야 한다.

3.3.1 유체정역학도표(Hydrostatic Table) 및 배수량등곡선도(Hydrostatic Curves)

배수량 등곡선도(Hydrostatic Curves)는 선박의 흘수변화에 따라 다양한 선박의 정보를 도식화한 곡선이다. 최근에는 유체정역학 곡선(Hydrostatic Curves)이라고도 불린다. 선박의 설계 계산에 가장 중요한 도면중의 하나이다. 정역학 특성 요소를 체계적으로 정리하여 도식하였기 때문에 선박의 복원성 및 선박 계산 등에 매우 중요한 정보이다.

이 배수량 등곡선도는 곡선 형식으로 되어 있어 해당 정보를 정확히 수치로 파악하기가 쉽지 않기 때문에 최근에는 테이블 형식으로 수치화하여 선박에 제공하고 있다. 이를 유체정역학도표 (Hydrostatic Table)라 부른다.

여기에 포함된 정보로는 배수량, 체적, 다양한 선형계수, TPC, LCB, LCF, KB, KM, MCT, 수선면적 등이다. 선박의 흘수에 따라 주요 해당 유체 정역학적 정보를 계산하여 나열해 준 형식이다.

<표 3-13> 유체 정역학 도표 주요 정보

항목	내용
Displacement	배수량
LCB	부심의 종방향 위치
VCB(=KB)	부심의 수직높이
BM	메터센터 반지름
KM	keel에서 경심까지 길이
TPC	흘수 1 cm 증가시 배수량
MCT	트림 1 cm 발생시 모멘트
LCF	부면심

<표 3-14> 새누리호 유체정역학도표(배수량등곡선도)

3. HYDROSTATIC PARTICULARS IN SALT WATER								
HYDROSTATIC PARTICULARS IN SALT WATER(S.G. = 1.0250)								
DRAFT EXT.	DISPL.	MOULD VOL.	T.P.C	M.T.C	L.C.B FR MID.	L.C.F FR MID.	K.B	K.M.T
(M)	(TON)	(M3)	(T/CM)	(TM)	(M)	(M)	(M)	(M)
3.00	2122.	2049.	9.15	36.5	1.162	1.763	1.691	7.901
3.02	2141.	2067.	9.17	36.6	1.167	1.761	1.701	7.882
3.04	2159.	2084.	9.19	36.7	1.172	1.759	1.711	7.864
3.06	2177.	2102.	9.20	36.8	1.177	1.748	1.724	7.848
3.08	2196.	2120.	9.22	36.9	1.181	1.737	1.736	7.832
3.10	2215.	2138.	9.24	37.0	1.185	1.725	1.748	7.816
3.12	2233.	2157.	9.25	37.1	1.190	1.714	1.760	7.800
3.14	2252.	2175.	9.27	37.2	1.194	1.702	1.771	7.785
3.16	2270.	2193.	9.29	37.3	1.198	1.691	1.783	7.770
3.18	2289.	2211.	9.31	37.5	1.202	1.680	1.794	7.755

3.3.2 계산에 의한 GM 산출

항해 중 혹은 항해 전 후에 선박의 선적량 변화, 청수(Fresh Water) 연료량 변화에 따라 선박의 중량변화가 발생하고, 이런 변화된 상황에서 선박의 GM을 구할 수 있다. 이 과정의 전체 흐름은 첫째, 선박 무게중심(KG)를 계산으로 구하고, 유체정역학도표(Hydrostatic Table) 등을 활용하여 선저에서 경심까지 높이(KM)을 구한다. 이러한 과정을 통하여 최종 GM을 계산하게 된다.

대표적인 방법은 그림 3-28과 같은 상황에서

$$GM = KM - KG$$

혹은

$$GM = KB + BM - KG$$

수식을 이용하는 것이다.

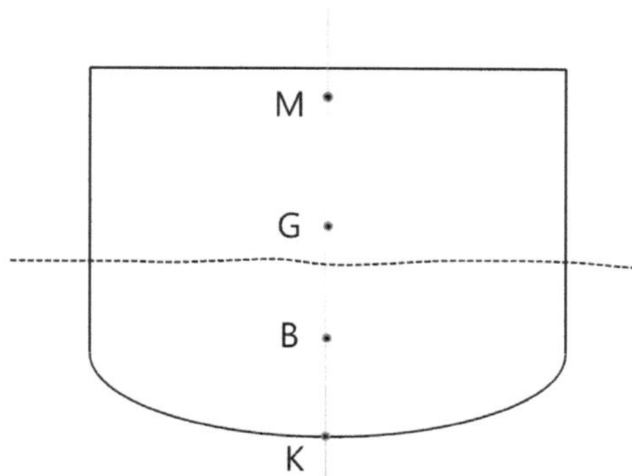

<그림 3-28> GM 계산시 고려 주요 지점

이 중에서도 가장 중요한 단계는 KG(선체 무게중심 위치)를 정확히 산출하는 것이다.

3.3.2.1 무게 중심 KG값을 이용한 계산법

통상 건조되는 선박에는 유체정역학 곡선도 (Hydrostatic Curves) 혹은 유체정역학 도표 (Hydrostatic Table)가 제공되어, 선박 흘수별로, 배수량, 부심 (KB), 메타센타 높이 (KM), 매 cm 배수톤 (TPC) 등 다양한 정보를 쉽게 알 수 있다.

따라서 KM을 쉽게 구할 수 있고, 선박의 중심 높이 (KG)만 구하면

$$GM = KM - KG$$

를 이용하여 GM을 쉽게 구할 수 있다.

선박의 무게 중심 KG는 어떤 물체나 도형의 도심(Centroid)를 구하기 위하여 필요한 1차 모멘트 식을 이용하여 구할 수 있다.

경하상태의 선체무게, 선적한 다양한 화물의 무게, 연료유, 밸러스트 등의 무게 등을 고려한 무게 중심 KG는 다음과 같이 구할 수 있다.

$$KG = \frac{\text{경하상태의 배수량에 의한}\, moment + \text{각 화물 요소에 의한}\, moment}{\text{총 선체의 무게 (총 배수량)}}$$

이를 식으로 표현하면,

$$KG = \frac{\triangle_0 KG_0 + w_1 kg_1 + w_2 kg_2 + \ \bullet \ \bullet \ \bullet \ \bullet + w_n kg_n}{\triangle_0 + w_1 + w_2 + \ \bullet \ \bullet \ \bullet \ \bullet + w_n}$$

단, $\triangle_0$는 경하상태에서 배수량, KG_0: 경하상태에서의 중심 높이, w_1, w_2, w_n: 선체에 실린 화물 등의 무게, kg_1, kg_2, kg_n : 화물 등의 무게 중심을 각각 나타낸다.

경하상태에서의 배수량, 경하상태에서의 중심 높이는 건조 시 계산되어지므로, 각 화물창 공간에 실린 화물 등의 무게와 각각의 높이를 이용하여, 최종적인 무게 중심 KG를 구할 수 있다.

실무상 선저에서 메타센타까지 높이인 KM의 경우는 해당 배수량에 대한 값을 유체정역학 도표(Hydrostatic Table)를 이용하여 쉽게 얻을 수 있다. 원하는 선박의 흘수에 따라 해당 값을 읽으면 된다.

결국 GM = KM - KG 을 이용하여 최종적인 GM값이 계산된다.

▼ 예제 1

어떤 선박이 경하 배수량 3000톤, KG = 7 m 일때, 기선으로부터 2 m 높이에 500톤, 4 m 높이에 400톤, 6 m 높이에 500톤을 적재하면 GM은 얼마인가?
단 선적 후 배수량에 대한 KM = 7.2 m 이다.

▽ 풀이

KG' = (3000×7 + 500×2 + 400×4 + 500×6) / (3000+ 500+ 400+ 500) = 6.05 m
GM = KM - KG = 7.2 - 6.05 = 1.15 m

3.3.2.2 GM 계산 사례

실제 선박의 GM 계산은 선박에 실린 화물, 밸러스트, 연료유 등 다양한 중량의 분포를 종합하여 계산할 수 있다. 간략화된 순서는 다음과 같다.

단계1) KG를 계산한다. 이때 각 중량물의 위치, 중량을 종합하여 1차 모멘트법을 이용 무게 중심을 계산하여야 하며, 선체 자체 중량인 lightweight 및 선체 자체의 무게 중심(KGo)을 함께 고려한다.

단계2) BM 혹은 KM을 획득하는데 이때는 Hydrostatic table 상의 정보를 활용한다.
단계3) 그 후 KM - KG 혹은 (KB + BM) - KG 식을 이용하여 GM 값을 얻는다.
단계4) 이렇게 계산된 GM 값은 유동수 영향이 포함되지 않은 GM 값이므로, 유동수 영향을 고려한 최종적인 GoM값을 얻기 위해 다음 식을 활용한다.

$$GM - GGo = GoM$$

여기서

GGo: 유동수 영향(Free Surface Effect)에 의해 무게중심이 상승된 값
GoM: 유동수 영향을 고려한 최종 GM

유동수 영향은 각 유동수가 담긴 탱커별로 수행되어 얻을 수 있다. 통상 조선소에서 미리 계산하여 그 값을 명시해 두고 있다.

실무에서는 단계1에서 선박에 있는 모든 화물, 모든 탱크에 선적된 다양한 화물 및 액체물에 대한 중량 및 각 항목의 무게 중심을 구해야 한다. 이러한 작업이 대단히 중요하다. 선박 실무에서는 실제 청수탱크 및 기름 탱크의 중량을 계측할 필요가 있다.

실제로 표 3-14는 ○○여객선에 대한 각 deck 및 탱크내 적재된 화물 정보이다. 이때 GM를 구하는 과정은 아래와 같다.

단계 1 - KG 계산

$$KG = \frac{\Delta_0 KG_0 + w_1 kg_1 + w_2 kg_2 + \cdot\cdot\cdot\cdot + w_n kg_n}{\Delta_0 + w_1 + w_2 + \cdot\cdot\cdot\cdot + w_n}$$

식에 따라,

$$= 11.278 \text{ m}$$

단계 2 - KM 도출

해당 배수량에 따라 만일 흘수가 6.2 m라면, Hydrostatic Table에 의한 KM 값은 12 m라 가정하였다.

<표 3-15> ㅇㅇ여객선의 적재 상황에 따른 GM 계산

	Weight (Ton)	VCG (Meter)	VCG-MT (T-M)	FSM (M-MT)
Hold No.				
25 T truck (D DK)	900	10	9000	
10 ft container (C DK)	262	16	4172	
General cargo (C DK)	650	15	9750	
cargo total	1812		22942	
FPT	246	7.3	1795.8	
No.1 BWT	90	5.3	477	
No.2 BWT	80	2.3	184	
No.3 BWT	120	4.4	528	
APT	50	7.6	380	
Ballast total	586		3364.8	
No.1 FOT	70	4	280	275
No.2 FOT	70	4	280	275
Fuel Oil Tank total	140		560	550
No.1 FWT	40	1	40	275
No.2 FWT	40	1	40	275
Fresh Water Total	80		80	550
DeadWeight	2618		26946.8	1100
light weight	6116	11.7	71557.2	
Displacement	8734		98504	1100
KMT				12
KG(Solid)				11.27822
GM(Solid)				0.721777
Free Surface Effect				0.125945
GoM				0.595832

draft	KMT
6.2	12
6.3	11.9
6.4	11.8

단계 3 - GM 도출

KM - KG 혹은 (KB + BM) - KG

식에 의하여

GM = 12 - 11.27 = 0.72 m

단계 4 - GoM 도출 (4.3장 유동수 영향 참조)
만일, 유동수 영향(FSE)에 의한 GM 감소분을 고려한 최종 GoM 값은 아래 식으로 구해진다.

GM - GGo = GoM

이때, 유동수 영향에 의한 GM 감소 영향 GGo는

$$dGM = \frac{\sum \rho \cdot i}{\triangle}$$

로 구할 수 있다. 따라서

GoM = GM - GGo

0.72 m - (1100 ton m / 8734 ton) = 0.5958 m

유동수 영향을 고려하지 않은 GM 값과, 유동수 영향을 고려한 GoM값이 구해진다.

3.3.2.3 KM 계산법

유체정역학도표(Hydrostatic Table)를 활용하여 선박이 제공하는 KM을 이용하여 GM를 구할 수도 있으나, 부득이하게 이 값을 얻지 못하면 직접 KM을 계산으로 구하는 방법도 있다.

GM = KM - KG, KM = KB + BM

을 이용하여, GM을 구할 수 있다.

KB는 부심의 위치를 의미하며, 선체 수면하 체적의 도심을 구하여 얻어진다.

근사적분법을 이용하여 구할 수 있으며, 간단한 도형의 경우는 손쉽게 도심을 얻을 수 있다.

BM은 메타센타 반경 (Metacentric radius)로서 부심에서 메타센타 M까지 거리이다. 이 값은 선박의 전체 수선면에 대한 2차 모멘트와 선박 수선하 체적을 이용하여 다음과 같이 구해진다.

$$BM = \frac{I_{xx}}{V}$$

여기서

V: 선박 수선하 체적, I_{xx}: 수선면 종축 2차 모멘트

이렇게 구하여진 KB와 BM을 이용하여 KM을 구하고, 무게 중심 KG를 구하여 최종적으로 GM을 구할 수 있다.

BM(메타센타 반경) (Metacentric radius)은 아래의 과정을 거쳐 계산된다.

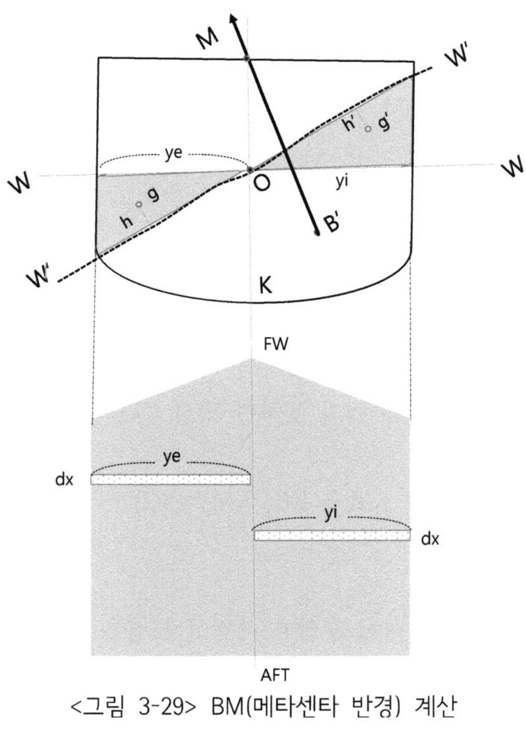

<그림 3-29> BM(메타센타 반경) 계산

선박이 그림 3-29와 같이 기울어졌다면, 부력중심이 B에서 B'로 이동한 것은 쐐기 형상의 왼쪽 WOW' 면적이 오른쪽으로 이동한 것으로 생각할 수 있다.

$$BB' \times V = v \times gg'$$

$$BB' = \frac{v \times gg'}{V}$$

$$BB' = BM \cdot \tan\theta$$

$$BM = \frac{BB'}{\tan\theta} = \frac{v \times gg'}{V \times \tan\theta}$$

성립한다. 여기서 쐐기 모양의 체적 v는 아래와 같다.

$$ve = \int_L (\frac{1}{2} y_e^2 y_e^2 \tan\theta) dx$$

아울러, 왼쪽 오른쪽 모양은 같아야 한다.
og 길이는 쐐기 모양이 삼각형임을 고려할 때 y_e의 2/3 지점에 위치하게 된다.
따라서 BM 식은

$$BM = \frac{1}{V\tan\theta} \int 2 \times \frac{2}{3} y_e \times \frac{1}{2} y_e^2 \tan\theta \, dx$$

$$= \frac{1}{V} \int \frac{2}{3} y_e^3 \, dx$$

한편, 선박 수선면의 종축방향에 대한 2차 모멘트 Ixx는 아래와 같기 때문에

$$I = \int \frac{2}{3} y_e^3 \, dx$$

이를 이용하여

$$BM = \frac{I}{V}$$

가 구해진다.

3.3.3 계측에 의한 GM 계산

선박의 GM 값은 이론적 계산 외에도 실제 계측을 통해 보다 정확하게 산출할 수도 있다. 이 GM 값은 일반적으로 이론적인 계산식을 통해 도출할 수 있지만, 이론적 조건과 실제 운항 조건 간의 차이를 보완하고 정확한 실제 계측을 통한 방법이 자주 사용된다. 이러한 방법은 설계 검증, 선급 규정 충족, 운항 안전성 평가 등 다양한 목적으로 활용된다.

대표적인 방법은 경사시험(Inclining Experiment)과 횡요주기 측정법이 있으며, 목적과 상황에 따라 선택적으로 사용된다. 신조선 인도 전이나 개조 후, 혹은 선박 안정성에 의심이 생겼을 때 실무에서 많이 사용되는 방법이다.

3.3.3.1 경사시험 (Inclining experiment)

선박이 건조된 뒤 인위적으로 선박이 횡경사 되도록 유도하여, GM을 측정하고, 이를 이용하여 최종적으로 경하상태에서의 선체 중심위치 KG를 구하기 위한 실험이다. 경하상태에서 중심 위치는 각 선박 부재의 중량과 위치를 각각 산출, 구할 수도 있으나, 이러한 방법이 복잡하고 번거롭기 때문에 경사시험을 통하여 한번에 구한다.

이렇게 산출된 경하상태에서의 GM 및 KG는 복원력 계산, 화물의 적재 및 이동에 따른 중심이동 계산에 기초가 되는 중요한 값이다.

그림과 같이 화물 w를 횡으로 d만큼 이동시켜, 선박이 θ 만큼 경사되었다고 하자. 그러면

$$GZ = \frac{w \times d\cos\theta}{\Delta}$$

로 표시되고 단, △: 배수량

$$GZ = GM\sin\theta$$

이므로,

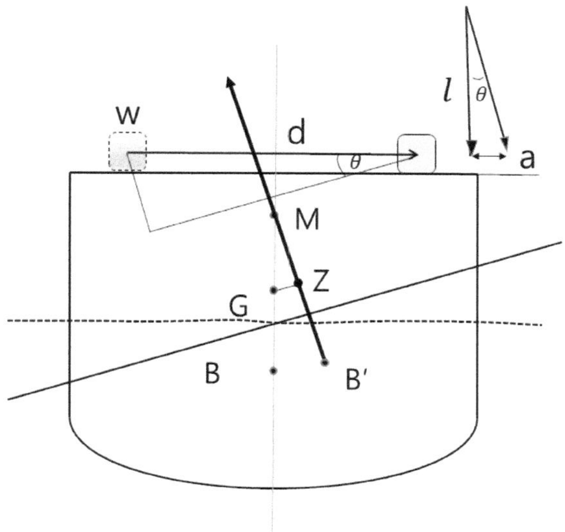

<그림 3-30> 경사 시험

$$GM = \frac{w \times d}{\Delta \tan\theta}$$

로 GM을 구할 수 있다.

경사각도 이외에 추를 이용하는 경우는 추길이, 추 이동거리를 이용하여 아래와 같이 구할 수 있다.

$$GM = \frac{w \times d}{\Delta} \times \frac{l}{a}$$

여기서, l: 추길이, a: 추 이동거리

경사시험의 최종 목표는 GM을 이용하여 KG를 구하는 것이므로,

KG = KB + BM - GM

혹은

$$KG = KM - GM$$

을 이용하여 경하상태에서의 무게 중심을 구할 수 있다. 여기서 KB, BM은 수면하 선체 형상이 결정되면, 계산으로 구한다. KM의 경우도 선박에 제공되는 Hydrostatic Table로 구해진다.

경사시험은 선박이 신조되었거나, 중대한 개조가 이루어진 후 실제 정확한 경하상태의 무게 중심(KG_o)을 구하기 위해 실시되며 그 과정에서 GM이 구해진다.

▼ **예제 1**

배수량

Δ=5000 ton인 선박이 경사시험을 실시하였다.

중량 w = 2 ton인 철제 블록을 횡방향으로

$d = 4\,m$ 이동시켰더니, 선박의 경사각은

$\theta = 2^\circ$ 로 측정되었다. 이때 GM 과 KG를 구하세요. (단 이때 KM = 7 m) 을 구하시오.

▽ **풀이**

$$GM = \frac{w \times d}{\Delta \tan\theta}$$

$$GM = \frac{2 \times 4}{5000 \ \tan 2^o} = 0.046\ m$$

KG = KM - GM = 7 - 0.046 = 6.954 m

▼ **예제 2**

선박의 경사시험중 추 길이가 1 m이며, 하중 3톤, 횡방향 5 m 이동하였다.

추가 좌우로 3.5 cm 이동하였다면, GM 값은? 단, 배수량은 8000 ton

▽ **풀이**

$$GM = \frac{w \times d}{\Delta} \times \frac{l}{a}$$

$$GM = \frac{3 \times 5}{8000} \times \frac{100}{3.5} = 0.054\ m$$

3.3.3.2 횡요 주기에 의한 GM의 간이 추정법

GM을 추정하는 방법중 하나로 간편하게 선박의 횡요 주기를 이용하는 방법이 있다. 이 방법은 선박이 운항 중에 횡요 주기를 측정하여 간단히 대략적인 GM을 추정하는 방식이다. 항해사들에게 항해 중 간편히 GM을 측정할 수 있는 방법이기 때문에 상당히 유용하다.

그 간략식은 다음과 같이 정의된다.

$$T = \frac{0.802\,B}{\sqrt{GM}} \ (\mathrm{sec})$$

$$GM = \frac{(0.802\,B)^2}{T^2} \ (m)$$

여기서 T: 횡요주기(sec), B: 선폭 (m)

이 간이식은 선체 횡요 운동방정식을 단순한 단진동의 운동방정식으로 유도하여, 그 방정식을 풀어 얻은 결과이다. 이식은 정수 중에서 저항이 없는 무저항 횡요 운동, 즉 자유횡요(Free Rolling)을 가정하여 얻은 것이다. 또한 선박 종축에 대한 선체 질량의 회전반경(Radius of gyration)이 일반적으로 선폭 B에 비례하며, 선박의 종류에 따라 다소 그 값이 다르다. 하지만 대략적 평균값인 선폭의 0.4배를 선체 질량의 회전반경으로 간주하여 도출된 수식이다.

이 식을 사용하기 전에 아래 사항에 유념해야 한다.

① 실제 선박의 경우, 외판 빌지 킬은 횡요에 대한 저항 요소가 있으므로, 간이식보다는 주기가 크게 측정되며, 따라서 이 간이식을 사용하면 선박의 GM값도 실제값 보다는 크게 계산된다. 따라서 이러한 점을 감안하여야 한다.

② 위 간이식은 선박의 관성반경(회전반경) 값을 특정 값으로 가정하여 도출되었으므로, 실제 선박의 관성반경값이 변화하면 주기에 의해 도출된 GM 값에는 오류가 포함될 수 있음을 감안해야 한다.

이 간이식을 통하여 알 수 있는 것은 횡요 주기(Rolling period)와 GM 값은 상호 반비례하는 것이다. 가령 어떤 선박의 횡요 주기가 길어졌다면 그 선박의 GM값은 줄어든 것이며, 횡요주기가 짧아졌다면 GM이 커진 증거이다.

<표 3-16> 실험에 의한 GM 계측 방법

항목	경사시험	횡요주기 방법
정확도	상대적 높음	낮음
실행장소	정박상태	정박 및 운항중
장점	신뢰도 높음	간편
단점	시간 비용 소모	오차 발생

▼ 예제 1

어떤 선박의 선폭 B는 18 m, 횡요 자유진동 시험을 통해 측정된 횡요 주기 T는 15초였다. 이 선박의 GM를 구하시오.

▽ 풀이

$$GM = \frac{(0.802\,B)^2}{T^2}\ (m)$$

$$GM = \frac{(0.802 \times 18)^2}{15^2} = 0.926\,(m)$$

3.4 GM과 선박 운항

3.4.1 운항시 선박 GM 분포

선박을 운항하는 입장에서 적절한 GM 값은 어느 정도일까?

이 문제는 IMO 복원성 규정 등 해당 관련된 법규적인 측면 즉 선박 안정성 측면이 우선 고려되어야 할 것이다. 하지만 운항적인 측면에서 적절한 GM값 또한 중요하다.

동일한 배수량에서도 선박내 화물의 위치에 따라 선박 중심의 위치는 달라질 수 있다. 즉 무거운 화물을 선체 하부에 싣고, 가벼운 화물을 높은 곳에 배치한다면 선박의 중심은 낮은 곳에 위치할 것이다. 이러한 선박을 하부가 무겁고 상부가 가벼운 상태이므로 Bottom heavy ship라고 부른다. 또한 GM이 크므로 선박이 경사되는데 많은 모멘트가 소요되므로 잘 경사되지 않기 때문에 Stiff ship이라 한다.

이러한 선박은 전체적으로 복원력이 크고, 선박 안정성이 크다. 하지만 복원력이 과다할 경우, 횡요주기가 짧아져, 승조원에게 불쾌감을 줄 수도 있으며, 선체나 화물에 손상을 줄 가능성도 있다.

반대로 무거운 화물을 갑판 상에 적재하고, 가벼운 화물은 선박 바닥에 적재하여, 선박의 무게 중심이 높은 곳에 위치하는 선박 상태도 존재한다. 이러한 선박은 하부가 가볍고, 상부가 무거운 상태이므로 Top heavy ship이라고 한다. 또한 GM이 크지 않으므로, 선박이 경사하는데 큰 모멘트가 소요되지 않고 쉽게 경사지므로 Tender ship이라고도 한다.

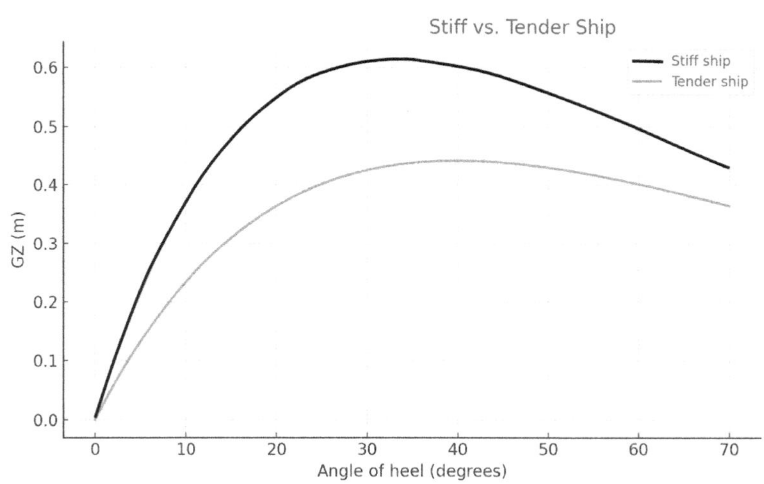

<그림 3-31> Stiff vs Tender Ship

이러한 선박은 전체적으로 복원력이 크지 않고, 선박이 안정성이 떨어질 수 있다. 횡요주기가 길고 경사 후 되돌아오는 데 시간이 많이 걸린다. 따라서 한계를 넘는 강한 파도, 바람이 작용하면 위험할 수도 있다. 하지만 횡요주기가 길어 승조원에게는 횡요에 대한 불쾌감이 덜할 수 있다.

선박의 GM은 과다하거나 과소한 경우 모두 선체의 안정성에 좋지 않으므로 적절한 GM값이 요구된다.

운항상 적절한 GM값은 어느 정도인가 하는 문제는 다양한 요소를 감안해야 할 것이다. 가장 중요한 것은 IMO 복원성 규정을 충족해야 한다. 하지만 IMO에서 규정하고 있는 GM 값은 너무 작고, GM 값 이외의 다양한 복원성 규정 항목을 모두 충족하는 것이 중요하다.

최근 국내에서 발간된 선박의 GM 분포 통계(한국항해항만학회 제44권 제4호)에 의하면 선박이 운항할 때 개략적으로 유지하는 GM 값의 범위를 알 수 있다. 이 결과에 의하면, 선박의 종류 및 적재 상태(밸러스트 및 만재 상태) 에 따라 운항하는 선박의 GM 값의 범위는 대단히 넓다. 이 연구는 총 159척의 선박을 대상으로 운항중의 실제 GM 값을 수집하였는데, 이

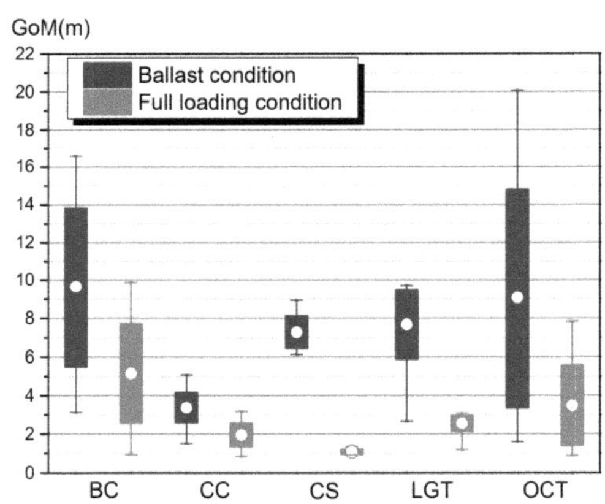

<그림 3-32> 운항중인 선박 GM 분포(출처: 한국항해항만학회지)

<표 3-16> 선폭 대비 GM 값

선종	GM/선폭 (비율)
화물선	5~7%
컨테이너	3.4%
액화화물선	8%

자료에 의하면, 공선상태에서 평균 GoM은 7.4 m, 만재 상태에서는 평균 2.84 m 이다. 선종에 따라서는 자동차 운반선(CC), 컨테이너선(CS)가 상대적으로 GoM값이 적게 유지하며 운항 중인데 대략 1~3 m를 유지하는 것으로 분석되었다.

또한 이 연구에 의하면, 선박 폭 대비 만재시 GM 값 유지 비율은 일반 화물선의 경우 5~7%, 컨테이너의 경우 3.4%, 액화화물선의 경우 약 8% 정도를 유지하고 있다. 일반 상선의 운항 GM 값 분포는 아래와 같았다.

액화화물선 〉 일반 화물선 〉 컨테이너선

3.4.2 복원력에 영향을 주는 요소

복원력에 영향을 주는 요소는 다양하지만 크게 수선면 상하의 선형적인 요소와 유동수의 영향 그리고 바람, 파도 등 외력 요소로 나눌 수 있다. 선형적인 요소는 건조 단계에서 복원력에 대하여 검토할 사항이지만, 유동수 영향이나 바람, 파도 그리고 화물 적재에 따른 영향 등은 운항시의 주의할 사항이다.

가. 선폭(Beam)

선박의 폭 변화는 복원력에 상당한 영향을 미친다. 선폭이 증가하면 초기 복원력이 증대되고, 정적 복원력 곡선의 기울기가 커진다. 선박의 형상에 관계된 형상 복원력의 경우 선폭의 세제곱에 비례한다고 알려져 있다. 특히 BM = I/V의 식에서 살펴본 바와 선폭이 커지면 수선면의 2차 모멘트인 I 값이 커지면서 BM 즉 경심(M)이 높아진다. 즉 선폭이 2차 모멘트에 세제곱의 영향을 주게 되며, 최종적으로 상자형태의 선박의 경우라면 아래 식과 같이 선폭의 제곱에 비례하여 BM이 증대된다. 이에 따라 복원력(GM)도 유사하게 증가한다.

$$BM = \frac{I}{V} = \frac{B^2}{12d}$$

만약 다른 선형 요소는 동일하고 선폭만 증가시켰다면, 초기 복원력도 증가하면서 전체적인 복원력 범위각, 복원력 소실각 또한 증가하는 것으로 나타난다. 그림에서 A선박의 선폭을 증가시키면 GZ곡선이 B로 변화된다. 여러 가지 요소의 복원력 증가를 위한 가장 확실한 방법은 선박의 폭을 증가시키는 것이다.

나 건현(Freeboard)

정적 복원력 곡선에서 복원력이 최대가 된 각은 최대복원각이라고 한다. 통상 선박이 기울기 시작하여 갑판의 끝단인 건현 부근에서 최대 복원력이 되었다가 더 이상 기울어지면 선박에 해수가 침수되면서 복원력이 감소하기 시작한다. 건현이 높아지면 이러한 현상이 늦어지게 됨으로써 복원력이 증대한다.

즉 건현이 커지면 복원력의 최대복원각이 커지며, 전체 복원성 범위각도 넓어진다. 건현의 증대는 제원 영향에 따른 복원력 변화 요소 중 우수한 효과적인 방법 중 하나이다. 건현이 높아지기 전에는 갑판 모서리가 물에 잠겼지만, 건현이 높아짐에 따라 그 갑판 모서리가 잠기는 각도가 커지면서 수선면적, 복원정(righting lever) 모두 커지게 된다.

그림 3-33에서 C의 복원력 곡선은 A 선박의 건현을 증가시킨 후의 결과를 나타낸다. 그림과 같이 일정 경사 이후 경사각 급격히 증가하며, 전체 복원력 범위가 많이 증대됨을 보여준다.

요약하면 건현의 증대는 초기 복원력은 동일하게 유지하나, 그후 대경사각에서 전체적인 복원력이 증대된다. 즉 최대복원력, 복원력 소실각, 복원력 범위가 증대된다.

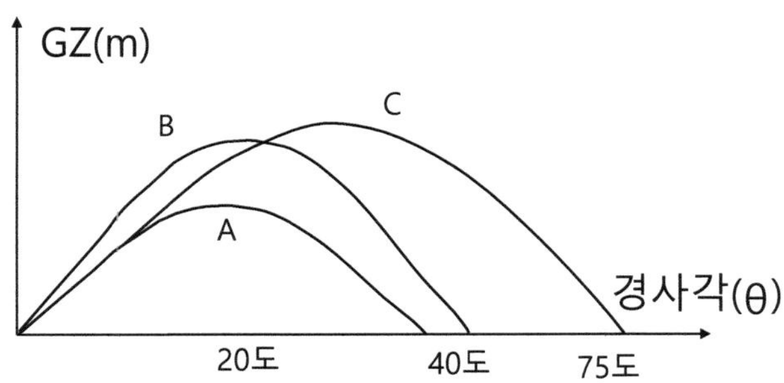

<그림 3-33> 선형요소에 따른 복원력 변화

다. 현호(Sheer)

현호는 상갑상의 연장선 보다 선수미 부위를 더 높게 함으로써 갑판위의 물이 잘 빠지도록 함과 동시에 선수선미에서 해수가 덮치는 것을 방지하는 역할을 한다. 선박의 외면을 높게 쌓은 것이므로 선수미 측의 건현이 높아진 효과가 발생한다. 따라서 건현의 효과가 유사하게 복원력 향상에 영향을 미친다.

라. Flare(플레어)

수선면 위에서 선체가 바깥쪽으로 벌어지는 형태를 플레어(Flaring)라고 하며, 특히 선수부에서 두드러진다. 경사 시 수선면적이 증가하게 되어 부력 중심이 더 많이 이동하고, 이에 따라 형상복원력이 증가하게 된다. 선폭이 증대되는 효과와 유사하다.

마. Tumble home(텀블홈)

Tumble home은 선체의 상부가 수선면 위에서 안쪽으로 오목하게 들어간 곡선 형태이다. 즉, 선체 하부보다 상부가 더 안쪽으로 들어간 형태로, 이는 측면이 바깥으로 벌어지는 플레어(flare) 구조와 대조적인 개념이다. 이러한 설계는 카누나 전통 범선과 같은 다양한 선박 유형에서 흔히 볼 수 있는 특징이다. 갑판에 침수가 쉬워서 복원성 측면에서는 손해를 본다.

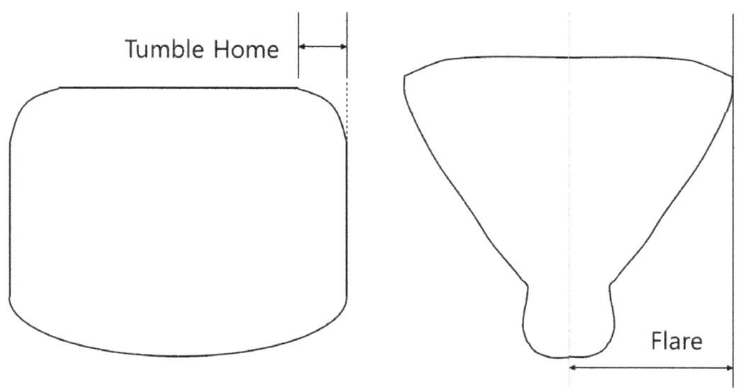

<그림 3-34> 선형요소와 복원성 관계

바. 배수량

복원모멘트는 배수량 × GZ 형태로 표현된다. 따라서 동일한 복원정(GZ)일 경우, 배수량이 클수록 복원모멘트가 커지게 된다. 하지만 동일 선박의 경하상태와 만재상태를 비교해 보면, 통상 경하상태일 때 KG가 낮아져 GZ값이나 GM 값이 훨씬 큰 경우가 많다. 따라서 단순한 배수량 증가보다는 GZ값 및 KG의 변화가 더 중요하다.

사. 항해의 경과

선박이 항해를 지속하게 되면, 연료 및 청수와 같은 선박 적재의 상태가 변화된다. 이러한 요인으로 복원력에 변화가 생긴다. 통상은 항해 경과에 따라 선박의 무게중심(KG)이 상승해서 복원력이 나빠지는 경향이 많다.

① 선저에 주로 위치한 청수, 연료 사용에 따른 무게중심의 상승에 따른 복원성 악화
② 갑판상 결빙에 따른 무게 중심 상승에 따른 복원력 악화
③ 화물의 쏠림/이동 그리고 고박 해제에 따른 복원력 악화
④ 갑판내 화물의 물 흡수에 따른 중량증가 및 무게중심 상승에 따른 GM 감소

아. 선박내 작업

선박에서는 다양한 작업이 이루어진다. 어선의 경우 그물을 바다에 투하하고 끌거나, 무거운 화물을 육상에 옮기는 작업이 발생한다. 일반 상선에서는 derrick 혹은 boat davit 등 중량물을 선박의 중심외부에 두고 올리거나 내리는 작업을 하게 된다. 이러한 작업은 최종적으로 선박 중심을 올리는 악영향이 발생하거나, 선박 경사를 유발하게 되므로, 복원력 측면에서는 바람직하지 않다. 소형선박인 어선의 경우 이러한 작업으로 선박이 전복되는 경우도 종종 발생한다.

자. 바람 및 조류

선박이 바람이나 조류를 받게 되면 풍압력 등이 선박에 작용하게 되고, 표류하는 과정에서 풍압력과 해수의 저항에 의하여 우력이 발생한다. 이 우력은 선박의 배수량 및 선박의 복원성 정도에 따라 선박의 경사를 발생시켜 특정 각도에 이른다. 이렇게 발생한 경사는 결국 선박의 복원력을 약화시킨다.

차. 요약

복원력에 영향을 미치는 요소는 크게 선박제원 요인과 운항시 발생하는 다양한 행위적 요인으로 분류될 수 있다.

선박제원에 따른 영향요인은 위에서 설명한 다양한 선형적 요소에 의해서 결정된다. 이것은 선박 건조시 설계시 미리 결정되는 요인이다. 반면 선박 운항 시 발생하는 요인의 핵심은 선박 무게 중심의 위치 변화 여부다. 운항시 발생하는 행위가 선체 무게 중심을 위쪽으로 이동시켜 GM이 작아지면 당연히 복원력은 감소할 것이고, 선체 무게 중심을 선박 바닥으로 이동시켜 GM이 커지면 복원력을 증대될 것이다. 따라서 항해 중에 발생하는 다양한 현상(예를 들면 청수 사용, 연료 사용 등)이 선체 중심을 상승시키는 것인지 하향시키는 행위인지에 따라 복원성 영향이 결정된다.

3.4.3 유동수 영향(Free water, Free Surface Effect)

통상 화물은 고박되어 선박이 경사되더라도 요동없이 그 위치를 유지한다. 하지만 선내에 있는 탱크 내 액체는 선박 경사와 함께 같이 경사된다. 이러한 액체 이동에 따라 선박 무게 중심 위치가 변화되고 이에 따라 선박 복원성에 영향을 미치는 현상을 유동수 영향이라고 한다. 또한 액체의 자유표면이 존재하여야 액체가 이동하므로 자유표면효과(Free Surface Effect: FSE)라고도 한다. 선박을 운항하는 측면에서는 운항 시 이러한 현상이 빈번히 발생하므로 잘 숙지하고 유동수 영향에 의한 선박 안정성이 위협받지 않도록 주의하여야 한다.

그림 3-35와 같이 탱크 내에 유동수가 있고, 선박이 경사되어 유동수 역시 경사되었다고 하자.

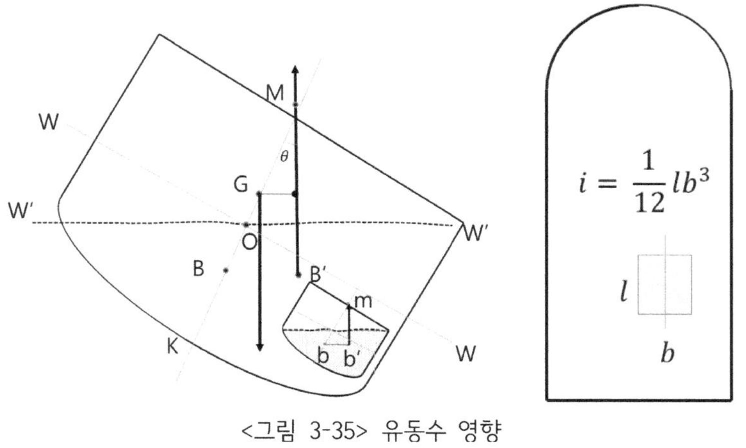

<그림 3-35> 유동수 영향

탱크 내 유동수를 살펴보면 선박 경사에 의하여 유동수 수면도 변화하였다. 또한 유동수 중심이 b에서 b'로 이동하게 된다.

유동수의 무게는 b'점을 통하여 b'm방향으로 작용하게 되며, m점을 중심으로 반경 bm으로 이동한다. 즉

$$w \times bmsin\theta$$

만큼 경사 모멘트가 부가적으로 발생하게 된다. 따라서 전체 복원력 변화는

$$W \times GMsin\theta - w \times bmsin\theta$$

로 변화하게 된다. 즉 유동수 영향으로 복원력이 감소한 결과가 된다. 이를 GM이 감소된 표현으로 다시 쓰면

$$W \times (GM - dGM) \times \sin\theta$$

같이 된다.

즉 GM의 감소분은

$$dGM = \frac{w \cdot bm}{W}$$

와 같이 표현할 수 있다.

여기서 bm은 선박이 경사함에 따라 구하였던 BM(Metacentric radius, 메타센타 반지름)과 같은 방식으로 다음처럼 구해진다.

$$bm = \frac{i}{v}$$

단, i는 액체화물표면의 면적 중심을 지나는 종축에 대한 면적 관성 모멘트, v는 액체 화물의 용적이다. 따라서, GM의 감소량은 아래와 같다.

$$dGM = \frac{w \cdot \frac{i}{v}}{W} = \frac{v\rho' g}{V\rho g} \times \frac{i}{v} = \frac{\rho'}{\rho} \times \frac{i}{V}$$

여기서

V, v : 선박 수면하 체적 및 유동수의 체적
ρ, ρ' : 선박이 떠 있는 해수 및 유동수의 밀도
g : 중력가속도

이 식을 살펴보면 결국 자유수 영향에 의하여 선박 중심이 상승하는 효과가 발생 GM이 감소하게 되는 것이다. 이 감소량은 유동수의 양과는 무관하며, 자유표면 관성 모멘트(Free surface moment)와 유동수의 밀도에 상관되는 것을 알 수 있다. 유동수의 밀도는 그 유동수 종류에 따라 결정되는 값이지만, 자유표면 관성 모멘트의 경우는 유동수의 자유표면의 형상에 따라 변화하는 값이다.

실제 선박에선 각 유동수 탱크별로 탱크내 담긴 유동체의 깊이에 따라 자유유동수 영향을 계산하여 유동수 모멘트로 정의하여 제공하고 있다. 실무에서는 이 값을 이용하여 유동수 영향을 계산할 수 있다. 그 이론적 과정은 아래와 같다.

$$\text{FSE} = \sum \rho \cdot i$$

이를 이용하여 GM 감소분을 계산한다.

$$dGM = \frac{\sum \rho \cdot i}{\Delta}$$

여기서

ρ: 각 탱크내 유동수의 밀도
i: 각 탱크내 자유표면 관성 모멘트

선박 내 탱크의 형상이 사각형이라 가정할 때 자유표면 관성 모멘트는

$$i = \frac{1}{12} lb^3$$

l: 탱크 자유표면의 종방향 길이

b: 자유표면의 폭 길이

와 같이 표현된다.

따라서 탱크내 자유표면의 폭을 줄이는 것이 GM감소량을 줄이는데 크게 영향을 미친다. 탱크 자체의 폭을 줄이거나, 탱크 내 종격벽을 설치하여 구획이 n개로 증가한다면 유동수로 인한 GM 감소량이 $\frac{1}{n^2}$ 배로 감소한다.

황천 시에 갑판상에 해수가 올라오면, 이 유동수로 인하여 복원력에 악영향을 미친다. 가급적 유동수가 없도록 배출에 신경 써야 한다. 또한 전체 화물창에 해수가 유입되면 그 화물창의 넓은 면적에 의한 자유표면효과가 너무 커서 선박 복원성 큰 위험 요인이 된다. 실제 다수의 선박이 화물창에 해수가 유입되어, 복원력이 급격히 악화되어 전복되는 사고가 종종 발생한다.

한편, 위에서 언급된 유동 탱크 자유표면 관성모멘트는 탱크 형상 즉 도형 형상에 따라 아래와 같이 계산된다. 또한 같은 사각형이라도 축의 위치에 따라 그 값이 변화한다. 선박 실무에서는 선내 각 탱크별로 그 값이 계산되어 제공된다. 특히 탱크내 수면의 높이에 따라 그 자유유동 면적 형상이 변화할 수 있기 때문에 수면 높이에 따라 해당 값을 계산하여 제공하고 있다. 이 값을 사용하여 유등수 영향을 계산하면 된다.

TANK CAPACITY TABLE

TANK NAME	LOCATION (FR. NO.)	CAPACITY 100% FULL	CAPACITY WEIGHT	CENTER OF GRAVITY (M) L. C. G	V. C. G	T. C. G	FREE SURFACE MOMENT
		M³	TON	FROM MIDSHIP	ABOVE B.L	OFF C.L	M⁴
WATER BALLAST TANK		S.G * FILL RATIO = 1.025 * 100%					
NO.1 W.B.T (C)	110 - 120	32.7	33.5	36.98	1.35	-0.03	22.5
NO.2 W.B.T (S)	82 - 88	126.0	129.2	15.03	2.64	3.19	158.2
NO.2 W.B.T (P)	82 - 88	126.0	129.2	15.03	2.64	-3.19	158.2
F.P.T (C) (W.B)	120 - F.E	140.4	143.9	44.66	6.04	0.00	245.1
A.P.T (S) (W.B)	A.E - 12	92.8	95.1	-44.06	6.72	4.68	117.4
A.P.T (C) (W.B)	A.E - 12	96.7	99.1	-43.79	6.53	0.00	89.4
A.P.T (P) (W.B)	A.E - 12	92.8	95.1	-44.06	6.72	-4.68	117.4
TOTAL		707.4	725.1				

<그림 3-36> 새누리호 Ballast tank 유동수 영향 예

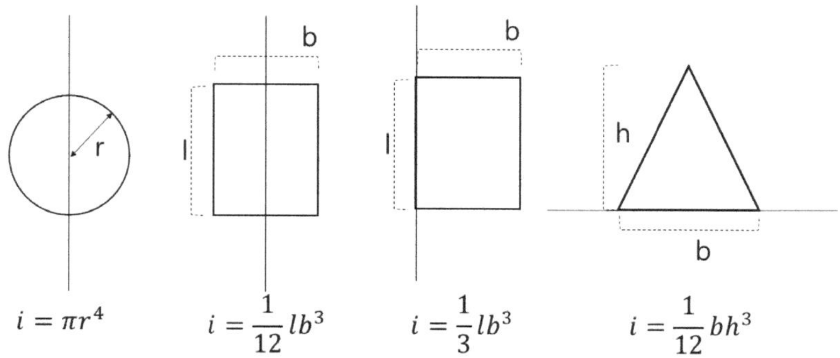

<그림 3-37> 도형 형상에 따른 관성 모멘트

▼ 예제 1

한 선박의 배수량은 5000톤이고, 현재 화물창 내부에 해수가 유입되어 자유수면이 형성되어 있다. 화물창의 크기는 가로 10 m, 세로 10 m이며, 깊이는 무시한다. 이 자유수면으로 인해 발생하는 자유유동수 효과를 고려한 최종 GoM을 계산하시오.
단, 원래의 GM은 1.0 m이며, 해수의 비중은 1.025로 한다.

▽ 풀이

자유표면 모멘트

$$i = \frac{1}{12} lb^3 = \frac{10 \times 10^3}{12} = 833.33 m^4$$

GM 감소분

$$dGM = \frac{\rho'}{\rho} \times \frac{i}{V}$$

$$= \frac{1.025 \times 833.33}{5000} = 0.17m$$

새로운 GM = 1.0 - 0.17 = 0.83m

▼ 예제 2

3.3.2.2의 ○○여객선에 대한 예제 문제에서 유동수 영향을 고려한 최종 GoM 계산과정을 검토하세요.

▽ 풀이

-해당 예제 참조

3.4.4 손상복원성 규정에 의한 최소 운용 GM

SOLAS 제 II-1장 '격벽 구획(Subdivision)' 및 '손상 복원성(Damage Stability)' 의 규정을 일관되게 해석하고 적용할수 있도록, 해설지침(Explanatory Notes)이 제공하고 있다. Regulation 5-1 - Stability Information to be Supplied to the Master에 의하여 손상 복원성 해석에 사용된 GM값 또는 GM 제한 곡선(GM limiting curves)을 선장에게 제공하도록 규정하고 있다. 선박 운항자인 선장은 이 규정에 의하여 선박의 운항 조건에 따라 유지할 최소한의 GM값을 파악하고, 운항에 참조하여야 한다. 이때 선박의 적재 상태는 통상 최대흘수(ds), 중간흘수(dp), 경하흘수(dl)의 3가지 종류로 구분된다. 실무에서는 다양한 흘수에 따라 계산결과를 제공하기도 한다.

이 규정의 Regulation 7에 의하면, 손상 시나리오별 복원성 기준을 만족하기 위한 최소 GM을 역산해 구하며, 그 값들 중 가장 보수적인 GM 값을 각 조건(흘수·트림)에 적용하여 곡선을 만든다. 이 곡선들 가운데 가장 낮은 안정 한계값(GM min)을 하나로 모은 것이 최소 운용 GM 기준선(Envelope Curve)이라 말하며 그 결과를 선장에게 제공하게 된다.

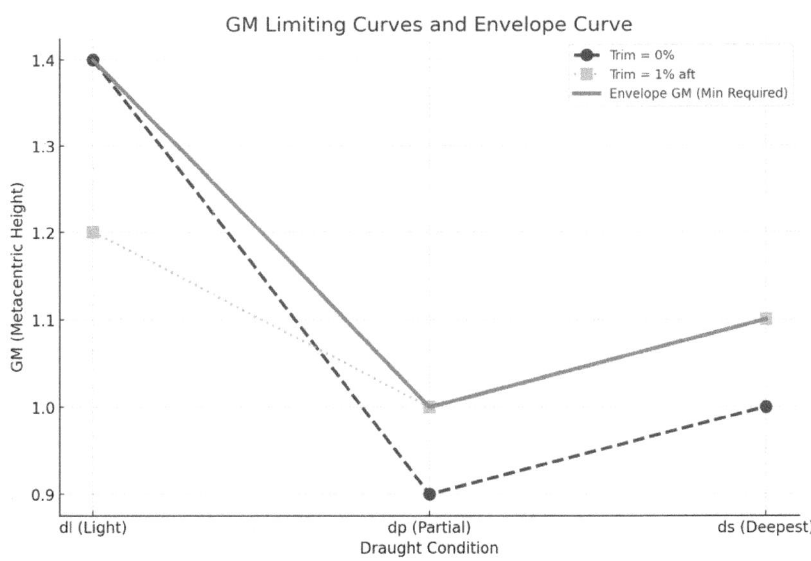

Draught	Trim = 0% GM	Trim = 1% GM	Envelope GM
dl(Light)	1.4	1.2	1.4
dp(Partial)	0.9	1.0	1.0
ds(Deepest)	1.0	1.1	1.1

<그림 3-38> GM Limiting Curves and Envelope Curve

손상 시나리오별 복원성 기준을 검토하는 경우는 복원곡선의 면적 또는 모멘트가 IMO 규정에 일치하는지를 확인하는 과정을 거치게 된다.

선장에게는 선박의 흘수 및 트림 조건에 따라, 비손상 복원성 요건을 만족하는 최소 GM 값을 종합한 Envelope Curve가 제공되기 때문에, 이 Envelope Curve를 통해 선장은 현재 선박의 상태(흘수, 트림)에서 요구되는 최소한의 GM 값(GMmin)을 확인하고, 이를 항상 초과 유지하도록 선박을 유지할 의무가 생긴다.

그림 3-38은 3가지 흘수 조건과 두가지 트림 상태에 따른 최소 운용 GM 기준선(envelope curve)을 표시한 것이다.

복원성 규정에서 요구하는 최소한의 복원성(GMmin)를 각 선박 조건별로 연결한 곡선이 GM 제한 곡선(limiting GM curves, envelope curve)이 된다. 항해사의 경우 본인이 승선한 선박의 이 값을 숙지하여 항해중 선박의 적재 상황에 따라 적절한 GM값을 유지할 수 있도록 노력해야 한다. 그림 3-39는 실습선 새누리호의 특정 적재상태에서의 결괏값이다.

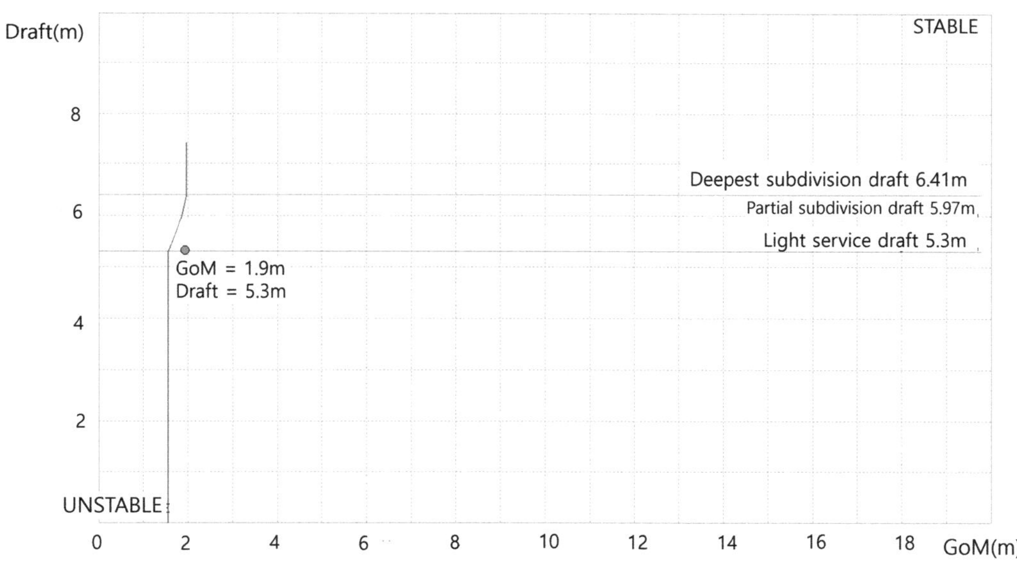

<그림 3-39> 실습선 새누리호 최소 허용 GM

만재흘수와 배수량

Chapter 4

4.1 흘수 및 건현

4.1.1 건현과 흘수

선박이 물에 떠 있을 때, 수면 아래에 잠긴 부분의 깊이를 흘수(draft), 수면 위로 나온 선체와 주갑판(main deck) 사이의 높이를 건현(freeboard)이라고 한다. 흘수는 선체의 바닥인 용골(keel)부터 수면까지의 수직 거리이며, 건현은 주갑판에서 수면까지의 거리로 정의된다.

이 두 값은 선박의 적재 상태를 나타낼 뿐만 아니라, 항해 성능과 안전성 측면에서도 중요한 판단 요소이다. 일반적으로 흘수가 깊을수록 선박은 더 많은 화물을 적재하고 있는 상태이며, 건현이 작을수록 침수 위험이 커지므로 주의가 필요하다.

건현은 선박의 예비부력을 확보하고 파랑에 대한 대응력을 유지하는 데 핵심적인 역할을 한다. 예비부력이란 선박이 현재 상태보다 더 많은 외력을 받아도 침몰하지 않도록 해주는 여유 부력이며, 이는 곧 건현 확보로부터 나온다. 건현이 충분하지 않으면 파도가 선박의 갑판 위로 넘어오면서 선체 침수나 화물 손상이 발생할 수 있다. 따라서 국제해사기구(IMO)의 만재흘수조약(Load Line Convention)에서는 선박 종류, 항해 구역, 계절 등을 기준으로 최소 건현을 규정하고 있으며, 이에 따라 선박 측면에는 흘수선(load line mark)이 표시된다. 이 표시는 최대 허용 흘수, 즉 만재흘수를 의미하며, 이를 초과하지 않도록 흘수 한도를 지정함으로써 건현을 확보하게 된다.

건현 확보는 단순한 선체 높이 유지 이상의 의미를 가진다. 복원성(stability), 복원력(righting moment), 배수량(displacement), 그리고 악천후 속에서의 항해 안전성 등 모든 해양 운항 요소와 직결된다. 건현이 확보되지 않으면 복원성 자체가 저하되어 선박이 쉽게 전복되거나 기울 수 있다. 따라서 흘수의 제한과 건현의 확보는 선박 설계와 운항에서 가장 중요한 안전 요소 중 하나로 간주된다.

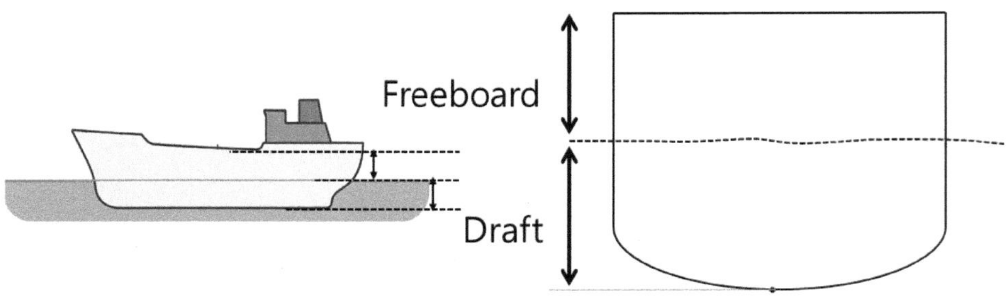

<그림 4-1> Freeboard and Draft

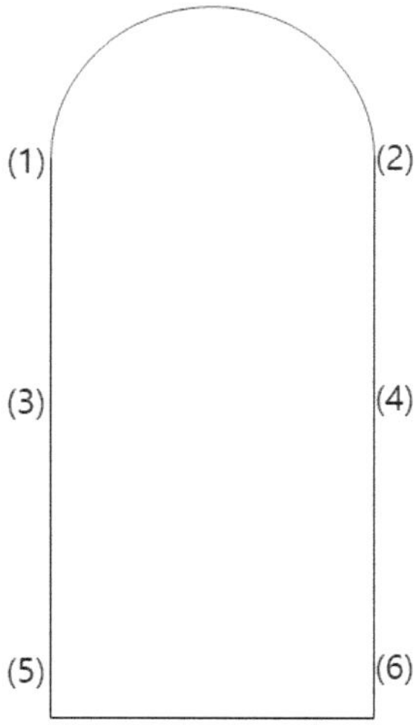

<그림 4-2> Draft marks

○ 흘수읽기

미터법의 경우 흘수 아라비아 숫자의 높이(크기)는 10 cm이다. 해당 표시된 숫자의 바닥 위치가 그 숫자에 해당하는 흘수라 생각하면 된다. 흘수 숫자 사이의 간격 역시 10 cm로 배치되어 있다. 실제 바다에서는 수면은 바람 파도에 의해 흔들리기 때문에 이를 고려하여 흘수를 읽어야 한다.

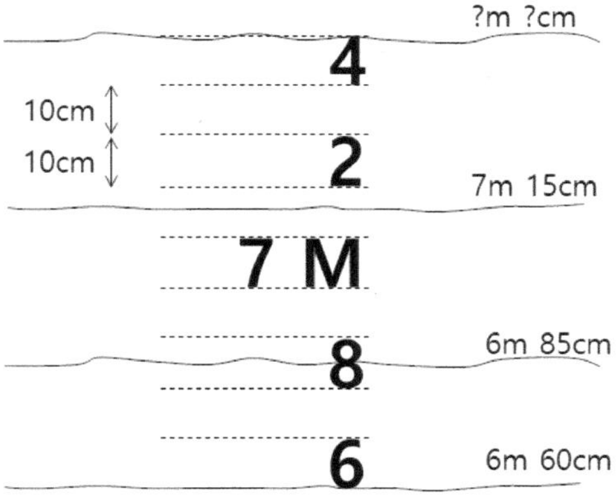

<그림 4-3> 선박 흘수 읽기

4.1.2 만재흘수선

4.1.2.1 의미 배경

항해사는 선박이 화물을 선적한 후, 실제 흘수가 계절 및 항해 해역 기준 흘수선을 초과하지 않았는지 확인해야 한다. 과거에는 법적 제도가 미비하여 과적이 빈번하였고, 이로 인한 해양사고가 빈번하였다. 이러한 문제를 해결하기 위해서 영국에서 처음으로 최소한의 건현을 유지하고자 하는 움직임이 있었다. 영국의 상선들이 과적에 의해 자주 침몰하던 시절, 정치가 사무엘 플림솔(Samuel Plimsoll)이 관련 법안을 의회에 제출하여 법적 규제 토대를 마련하였다.

1966년, IMO의 전신인 IMCO에서 국제만재흘수선에 대한 협약을 만들었다.

이 ILLC(International Load Line Convention) 협약은 선박이 해상에서 과적(Overloading) 되지 않도록 하기 위한 현재 국제 표준 규정의 시초라 볼 수 있다. 현재도 만재흘수선의 명칭을 프림솔의 이름을 기념하기 위해 "프림솔 마크(Plimsoll mark)라 불리고 있다.

국내에서는 이를 준용하여 선박만재흘수선기준을 「선박안전법」 제27조에 따라 정하고, 만재흘수선에 관하여 필요한 사항을 규정하고 있다.

국내 항해 및 국제항해에 관계없이 일정 규모 이상의 선박은 만재흘수선 표시가 의무이며, 등록 시 검사를 통해 적절한 표시 여부를 확인받아야 한다. 만재흘수선은 단순한 표시 이상의 의미를 지닌다. 항해 중 해역 조건, 선박 복원성, 선박의 성능한계 등을 종합적으로 고려한 선박의 생명선이며, 이는 선박 운항 관련자들의 기본 해사 지식으로 볼 수 있다.

주요 목적은 아래와 같이 요약된다.

① 과적 방지: 선박이 과도한 적재로 인해 침몰하거나 선체에 과도한 스트레스를 받지 않도록 제한

② 건현(Free Board) 확보: 충분한 건현을 통해 복원력과 안정성을 유지

③ 지역별 기준 적용: 해역의 날씨, 수온, 염도, 밀도 등에 따라 선박의 부력과 흘수가 달라지기 때문에, 지역/계절별로 다른 기준선이 적용됨

이러한 안전 관리는 정부의 역할이나, 이에 관련된 업무는 선급협회에 위임하여 정부는 관리 감독의 역할을 수행하고, 실무 각 국가의 선급협회에서 수행한다.

선급협회는 선박의 구조, 복원성, 하역 설비, 안전설비 등 전반에 걸친 기술규칙(Rules and Regulations)을 제정하고 적용한다. 또한 각종 선박의 검사와 인증을 수행하고 만재흘수선에 대한 승인 또한 수행한다. 이러한 다양한 검사를 통하여 선급증서를 발행하는 정부 대행 기능을 수행한다.

한국의 선급협회는 KR(Korean Register)이며 각국에 다양한 선급협회가 있고, 국제적으로

<표 4-1> 각국 선급협회

약어	선급명	국가
ABS	American Bureau of shipping	미국
BV	Bureau Veritas	프랑스
CCS	China Classfication Society	중국
DNV	Det Norske Veritas	노르웨이
KR	Korean Register	한국
LR	Lloyd's Register	영국
NK	Nippon Kaiji Kyokai (Class NK)	일본
PRS	Polish Register of shipping	폴란드
RINA	Registro Italiano Navale	이탈리아
RS	Russian Maritime Register of shipping	러시아

는 선급협회간 기술 통일을 위해 국제선급연합회인 IACS (International Association of Classification Societies)도 구성되어 있다. 여기서는 선박 및 해양구조물의 설계·건조·검사에 관한 기술 기준 통일 및 국제적 표준을 제시한다.

4.1.2.2 만재흘수선 규정

가. 적용 선박

「선박안전법」 제27조(만재흘수선의 표시 등)에 의하면 아래의 선박은 해양수산부장관이 정하여 고시하는 기준(선박만재흘수선 기준) 에 따라 만재흘수선의 규정이 적용된다.

① 국제항해에 취항하는 선박

② 선박의 길이(이하 "선박길이"라 한다)가 12미터 이상인 선박

③ 선박길이가 12미터 미만인 선박으로서 다음 선박

- 여객선
- 위험물을 산적하여 운송하는 선박

나. 세계 해역대(Load Line Zones)

만재흘수선(Load Line) 은 전 세계 해역을 기후 조건에 따라 나누어, 각 해역별로 허용되는 흘수(Load Draft)가 다르게 적용되도록 규정되어 있다. 전 세계는 크게 4가지 해역대(Zone)로 나뉘어 운용하도록 고안되었다. 왜냐하면 항해하는 구역에 따라 날씨 및 기상(파고 및 바람 등)에 차이가 있어 선박 복원성에 미치는 영향이 다르기 때문이다. 전세계 지도를 이러한 해역대로 구분하여 지역 및 계절(시기)별로 적절한 만재흘수선이 적용되게 된다. 동일한 해역대라 하더라도 시기(계절)에 따라 적당한 적용되는 만재흘수선에 차등을 두고 있다. 관련 부록 자료를 참조하면 세계지도에 세분화되어 구획된 만재흘수선 적용 대역대를 살펴볼 수 있다.

<표 4-2> 만재흘수선 적용 해역대

항목	파고	항해 위험도	풍속기준
열대 해역(Tropical)	낮음	낮음	풍력계급 8등급 이상 발생 확률 1% 미만
여름 해역(Summer)	보통	중간	풍력계급 8등급 이상 발생 확률 10% 이하
겨울 해역(Winter)	높음	높음	풍력계급 8~9등급 이상 빈번히 발생
북대서양 겨울 해역(WNA)	매우 높음	매우 높음	풍력계급 10~12등급 강풍 및 폭풍성 바람 자주 발생

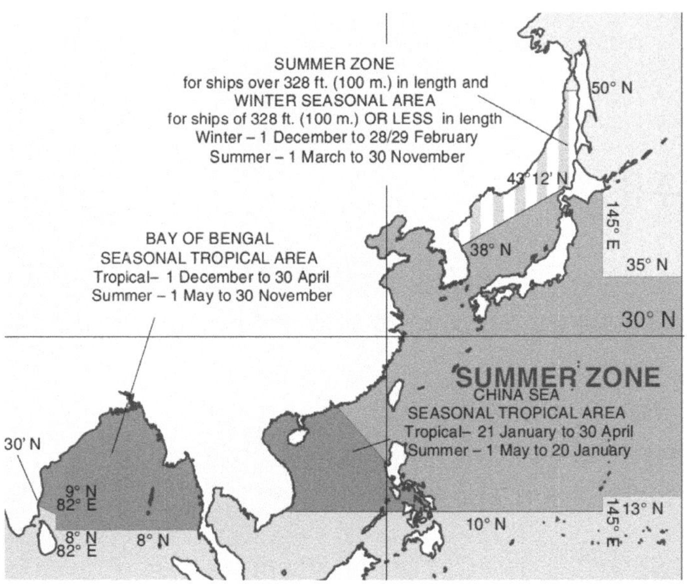

<그림 4-4> 세계 해역대 중 한반도 부근 Summer Zone 사례

다. 만재흘수선 구성 도식

Load line은 선체 외판에 표시되며, 주요 구성 요소는 3가지로 구성된다.

① 갑판선(Deck Line): 수평선으로 건현(freeboard) 기준선(가로×세로: 300 mm × 25 mm)

② 원형 프림솔마크(Plimsoll mark) 및 하기만재흘수선(Summer Load Line): 지름 300 mm의 원 안에 수평선이 있고, 이 선이 플림솔선(Plimsoll Line)이며, 그 윗단이 하기만재 흘수선(Summer Load Line)에 해당된다.
특이한 사항으로는 원형 프림솔 마크에는 선급표시가 표시되어 있어 선박의 해당 선급 협회를 알 수 있다.

③ 계절 및 대역별 만재흘수선(Load Lines): 프림솔 마크의 앞뒤로 많은 흘수선들이 이어지며 다양한 흘수선 표시된다. 이는 계절 및 대역에 따라 적용되는 만재흘수선이 표시된다. 프림솔 라인 윗단에서 갑판선까지의 거리가 결국 건현(Freeboard)의 거리가 되며, 그 밑 부분 즉 선저까지가 하기 만재흘수가 된다.

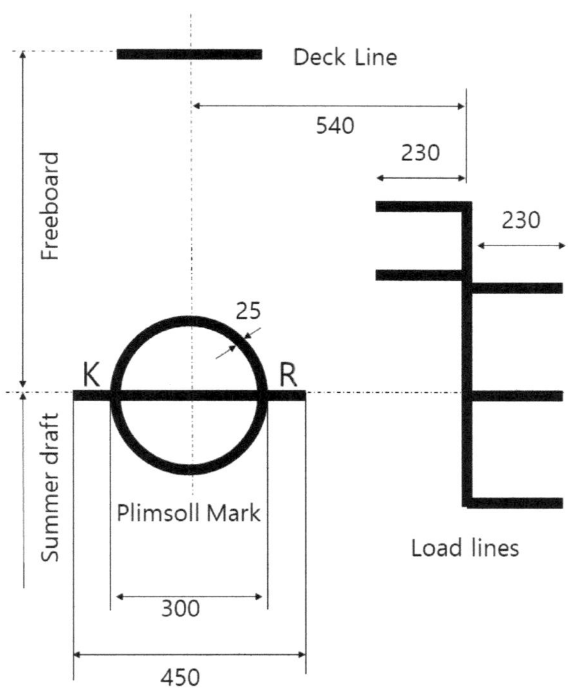

<그림 4-5> Load Line Mark

라. 만재흘수선 종류

선박만재흘수선 기준에 의하면 선박의 종류에 따라 만재흘수선 표시를 구분하여 정하고 있다.

① 국제항해 및 근해구역이상 항해 선박

② 갑판적 목재운송선박

③ 국제항해에 취항하지 않는 선박 길이 12미터 이상 선박(어선 제외)

④ 선박길이 12미터 미만의 여객선 및 위험물산적운송선

그중 일반적인 상선에 해당되는 국제항해 및 근해구역이상 항해하는 선박의 경우와 갑판적 목재 운송선박의 경우 그림 4-6과 같은 표식이 사용된다. 표식에서 보는 바와 같이 만재흘수선은 적용되는 대역 및 계절기간에 따라 다양하게 구분되어 있다. 즉 만재흘수선의 종류별로 적용되는 대역 또는 구역, 계절 기간 또는 기간 및 이에 대응하는 건현을 세분화시켜 두었다. 그 상세는 표 4-3과 같다.

하기(S), 동기(W), 동기북대서양(WNA), 열대(T), 하기담수(F), 열대 담수(TF) 등 총 6개의 만재흘수선이 있다. 항해사는 이러한 흘수의 종류를 잘 숙지하고, 선박 운항시 해당지역에서 허용한 만재흘수선이 초과되지 않도록 안전에 신경을 써야 한다.

갑판에 목재를 운송하는 선박의 경우는 기존 상선의 표준 만재흘수선(Standard Load Line)에 추가적인 목재운반선박용 만재흘수선이 프림솔 마크 왼쪽에 추가된다. 이때는 기존 만재흘수선에 목재를 의미하는 Lumber의 표식 "L"이 추가된다. 목재운반선의 경우, 일반상선에 비교하여 흘수가 더 깊게 허용된다. 즉, 더 많은 화물을 실을 수 있도록 freeboard가 상대적으로 작게 설계되어 있다. 이는 목재 갑판화물이 부력 보조 역할을 할 수 있기 때문이며, 수면 위에 뜨는 성질이 있어, 선박의 복원성에 도움을 줄 수 있기 때문이다.

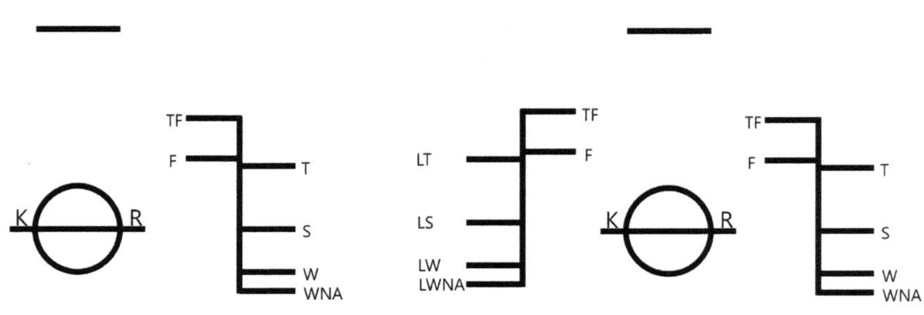

(a) 국제항해 및 근해구역 이상 항해선박　　(b) 갑판적 목재운송선박

<그림 4-6> 만재흘수선 종류

<표 4-3> 만재흘수선 종류별 적용 대역 및 계절

만재흘수선의 종류	적용되는 대역 또는 구역	적용되는 계절기간 또는 기간
하기 만재흘수선	하기대역	연중
	북대서양동기계절대역 I 북대서양동기계절대역 II 북대서양동기계절구역 북태평양동기계절구역 남부동기계절대역 계절열대구역 및 선박길이가 100미터 이하인 선박에 적용되는 동기계절구역	하기
동기 만재흘수선	북대서양동기계절대역 II(서경 15도의 자오선과 서경 50도의 자오선에 의하여 둘러싸인 해면은 제외한다), 북대서양동기계절구역, 북태평양동기계절대역, 남부동기계절대역 및 선박길이가 100미터 이하인 선박에 적용하는 동기계절구역	동기
동기 북대서양만재흘수선	북대서양동기계절대역 I 및 북대서양 동기계절대역 II(서경 15도의 자오선과 서경 50도의 자오선에 의하여 둘러싸인 해면으로 한정한다)	동기
열대 만재흘수선	열대대역	연중
	계절열대구역	열대
하기담수만재흘수선	하기 만재흘수선란에 적혀 있는 대역 또는 구역에서 비중이 1.000인 수면	하기 만재흘수선란에 따른 기간
열대담수만재흘수선	열대 만재흘수선란에 적혀 있는 대역 또는 구역에서 비중이 1.000인 수면	열대 만재흘수선란에 따른 기간

<표 4-4> 만재흘수선 종류 적용 대역

한글명	영문 표기	약자	의미
하기 만재흘수선	Summer Load Line	S	일반적인 여름 항해 최대 허용 흘수
동기 만재흘수선	Winter Load Line	W	겨울항해 최대 허용 흘수
동기 북대서양만재흘수선	Winter North Atlantic Load Line	WNA	북대서양 겨울 항해 시 사용. 가장 엄격한 조건
열대 만재흘수선	Tropical Load Line	T	열대 지역 항해시 최대허용흘수
하기 담수만재흘수선	Fresh Water Load Line	F	담수 지역 항해시 최대허용흘수
열대 담수만재흘수선	Tropical Fresh Water Load Line	TF	열대 담수 지역 항해시 최대허용흘수

4.2 종경사와 트림

선박 운항에 있어 횡경사는 선박의 안전성 즉 복원성과 직접적으로 연결된다. 운항 중 과도한 횡경사는 선박의 안전성과 조종성에 악영향을 미치므로, 반드시 제거하고 운항하는 것이 보편적이다.

반면, 종경사는 횡경사와 비교하여 상대적으로 복원성의 큰 영향을 주지는 않는다. 오히려 종경사는 선박의 적재 상태나 평형수 조정에 따라 필연적으로 발생하는 현상이다. 따라서 종경사는 자연스러운 것으로 간주되며, 실제로 운항 효율성을 위해 어느 정도 필요한 경우도 많다. 특히 선박이 공선상태(Ballast Condition)에 있을 때에는 프로펠러(Propeller)가 수면 아래로 충분히 잠길 수 있도록 적절한 종경사를 유지하는 것이 매우 중요하기도 하다.

따라서 선박 운항자는 선박의 전체 화물의 배분, 연료 소모에 따른 무게 변화, 화물 하역 계획 등을 고려하여 항상 적절한 종경사를 유지해야 한다.

종경사와 트림을 이해하기 위해, 선박 기울기와 관련된 주요 용어들을 간단히 설명하면 표 4-5와 같다.

복원성에 영향을 많이 미치는 횡축 방향의 경사는 주로 횡경사각(Heeling Angle), 리스트(List) 및 횡요각(Rolling angle)으로 구분된다. 횡경사각과 리스트는 모두 횡경사 각도를 의미하나, 횡경사각은 외란(바람이나 파도)에 의해 선박이 일시적으로 경사되는 것을 의미한다. 반면 리스트는 내부적 요인 예를 들면 선박 내부 적재물의 불균형에 의해 발생한 지속적인 횡경사 상태를 의미한다. 반면 횡요각(Roll Angle)은 선박이 파도나 외력에 의해 좌우로 흔들릴 때 발생하는 주기적인 운동의 순간적인 경사각이다.

횡경사와 마찬가지로 선박은 여러 가지 요인으로 종경사가 발생한다. 종경사는 선박의 길이 방향으로 발생한 경사를 의미하며 통상 트림(Trim)을 이용하여 종경사 발생 정도를 표시한다. 통상 종경사는 횡경사와 달리 그 각도가 크지 않기 때문이다.

<표 4-5> 선박 횡경사 종류

종류	용어	특징
Heeling angle	횡경사각	외력에 의한 순간적 발생
List	편각/지속적 횡경사	무게 불균형에 의한 지속적 발생
Roll angle	횡요각/롤링각	외란에 의해 좌우로 주기적 발생
loll angle	처진 경사각	음의 GM에 의해 평형상태가 된 각도

4.2.1 종경사

4.2.1.1 트림(Trim)

트림(Trim)이란, 선박이 종축방향(longitudinal direction)으로 기울어진 상태를 의미한다. 선미흘수와 선수 흘수의 차이를 의미한다. 더 정확히 표현하면 선미 수선 상의 흘수와 선수 수선 상의 흘수 차이이며 단위로는 미터(meter)를 주로 사용한다. 선미 흘수가 선수흘수보다 깊으면 양수(+), 그 반대이면 (-)로 표현되기도 한다. 트림은 선박의 적재 상태, 평형수 조정, 연료 소모 등에 의해 수시로 변화하며, 항해 효율성과 안전성에 매우 중요한 영향을 미친다.

트림은 선박의 항해 성능, 연료 효율성, 조종성능에 직접적인 영향을 미치며, 적절한 트림 상태를 유지해야 한다.

해상 실무에서는 트림은 선수와 선미의 흘수 차이에 따라 다음 세 가지로 구분하여 표현한다.

① 선수트림 (Trim by the head)

선수의 흘수(draft)가 선미의 흘수보다 큰 상태이며, 선수트림이 심하면 조파 저항이 커져 항해 효율성이 떨어질 수 있다.

② 선미트림 (Trim by the Stern)

선미의 흘수가 선수보다 깊은 상태를 의미한다. 선박은 통상 선미트림 상태로 운항하는 것이 일반적이다. 이는 프로펠러의 안정적인 잠김을 유지하고, 추진 효율을 높이기 위함이다. 공선상태에서는 충분한 흘수를 확보할 수 없어 선미트림을 유지하여 프로펠러 잠기를 유지하여 선박 운항의 안정성을 향상시키기 위함이다.

③ 등흘수 (Even Keel)

선수와 선미의 흘수가 거의 같은 상태를 의미한다. 선박이 화물을 만재흘수까지 가득 적재하였거나 최대흘수를 줄이기 위해 선수 선미 흘수를 동일하게 하는 경우 등에 주로 발생한다.

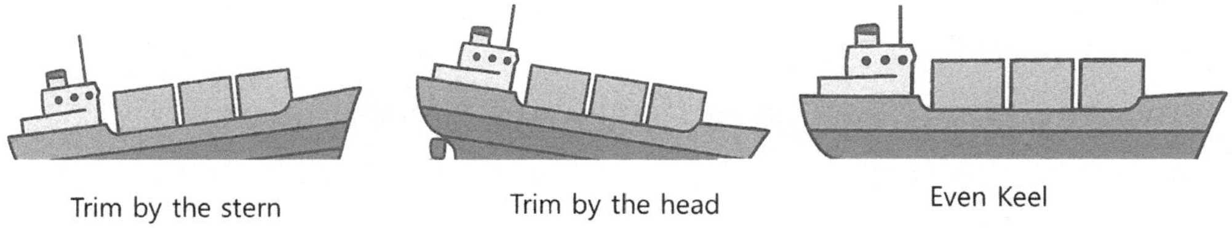

<그림 4-7> 트림 종류

Speed	11.25 – 13.75 kts				
Trim	1.25 -0.76	0.75 -0.26	0.25 - (-0.24)	(-0.25) -(-0.74)	(-0.75) -(-1.25
Draft 5.25 -6.75m	Optimal	Fair	Avoid	Avoid	Avoid
6.75 - 8.0m	Good	Optimal	Good	Good	Good
8.0 - 9.0m	Avoid	Avoid	Avoid	Avoid	Optimal

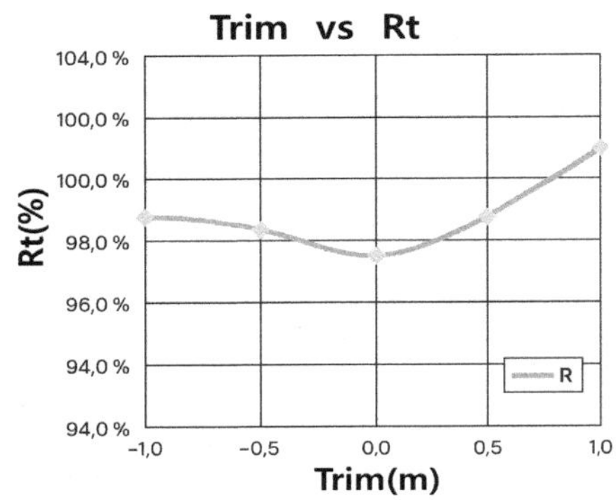

<그림 4-8> 트림과 선박운항 효율(데이터 출처: DNV)

트림 유지 기준은 선박의 종류, 선형, 운항 조건에 따라 달라지므로, 각 선박별 운항 매뉴얼 또는 지침에 따라 최적 트림을 설정하고 관리해야 한다. 최근에 기술이 발달하면서 최적의 트림을 유지하는 위한 다양한 연구 기술이 선박 운항에 적용되고 있다. 이를 트림 최적화 기술(trim optimization technologies)이라 부른다. 이는 위와 같이 운항의 효율과 안전성을 향상시킬 수 있도록 최적의 트림을 유지할 수 있도록 도와주는 기술이다.

트림(trim)과 흘수(draft)는 선체 저항(hull resistance)에 직접적인 영향을 미치며, 이는 곧 선박의 연료 소비량(fuel consumption)과 직결된다. 화물 적재를 계획적으로 수행하여 트림과 흘수를 최적화하면, 연료 절감과 배출가스 저감 효과를 동시에 얻을 수 있다. 최근 연구에 의하면 트림 최적화로 기대할 수 있는 연료 절감률은 보통 0.5% ~ 3% 수준으로 알려져 있다.

최적화 트림에 관련된 연구에 의하면 최적 트림은 선박의 속도, 배수량(흘수)에 따라 최적의 트림이 변화한다. 흘수와 트림의 조합에 의하여 선박의 운항 효율이 크게 변화할 수 있다는 사실을 항해사는 숙지해야 한다.

4.2.1.2 부면심(LCF: Longitudinal Center of Flotation)

부면심이란, 선박이 수면에 떠 있을 때 형성되는 수선면(waterplane)의 기하학적 중심을 의미한다. 선박이 수면에 접촉하는 면적 중심점이며, 이 지점을 기준으로 선박은 트림(trim) 혹은 피칭(pitching) 운동을 한다. 선박의 종적 안정성(longitudinal stability)과 연관되어 있으며, 트림과 관련된 모든 물리적 작용은 이 부면심을 중심으로 발생한다.

부면심과 트림 및 선체 운동과의 관계는 다음과 같다.

① 트림 발생의 축(pivot point) 역할 - 선박이 선수나 선미 방향으로 기울 때, 부면심을 축으로 회전하게 된다.

② 피칭 운동의 중심 - 선박이 동적으로 운동(pitch)을 할 때에도 부면심을 기준으로 회전 운동을 한다.

③ 트림 계산 기준점 - 부면심 위치는 트림 변화에 따른 선수, 선미 흘수 변화량 계산에 필수적이다.

④ 부면심을 통과하는 수직선상에서 화물이 적재되면, 선박은 트림이 발생하지 않고, 일정 범위내에서 단순 침하(sinkage)만 발생한다.

부면심의 위치는 트림 변화 시 선수와 선미의 흘수 변화량을 결정하는 데 중요한 기준이 된다. 즉 부면심은 일종의 회전 중심(pivot point) 또는 경사 중심점(tipping point) 역할을 한다. 따라서 항해사는 트림의 변화 및 예측을 위해서는 부면심에 대한 지식을 숙지해야 한다.

선박 설계나 흘수(draft)에 따라 수선면의 형상은 변화하며, 부면심의 위치도 이에 따라 달라진다. 만약 선박이 상자형태의 바지선(barge)과 같은 단순한 선형에서는 부면심이 중간(midships)에 위치한다. 하지만 실제 선박에서는 상황에 따라 부면심이 선박의 정중앙에 위치하지 않고, 선수 혹은 선미쪽으로 치우쳐 위치해 있다.

선박 건조시 선박에 제공되는 Hydrostatic Table에 부면심의 위치는 흘수에 따라 정확히 계산되어 제공된다. 통상 선박 중앙에서 선수쪽으로 위치하면 양(+), 선미쪽으로 위치하면 음(-)의 부호를 붙여서 그 떨어진 거리를 표시한다. 그림 4-10은 실습선 새누리호의 자료이며 이에 따르면 흘수 3 m에서 부면심(LCF)은 선체 중앙부에서 선수쪽으로 1.763 m 떨어진 위치에 있음을 보여주는 사례이다.

한편, 부면심과 종축 부력 중심을 잘 구분하여 사용해야 한다. 종축 방향의 부력 중심인 LCB(Longitudinal Center of Buoyancy)는 수면 아래로 잠긴 부분의 체적 중심점이며, 부력 작용의 중심점이다. 횡축 방향의 부력중심점은 KB로 표현하고, 종축방향은 LCB 로 표시한다.

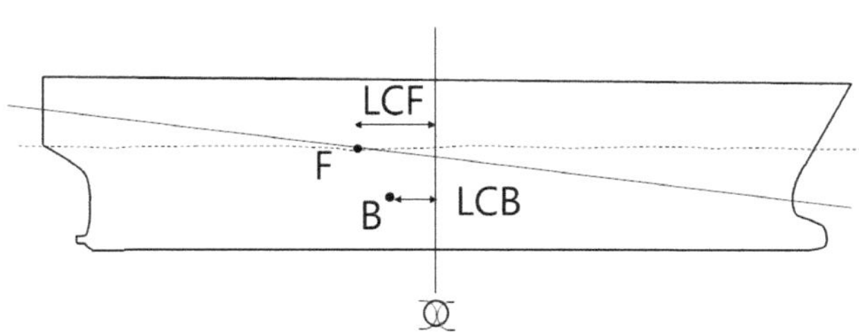

<그림 4-9 > 부면심(LCF), 부력 중심(LCB)

DRAFT	DISPL. EXT.	MOULD	T.P.C VOL.	M.T.C	L.C.B	L.C.F FR MID.	K.B FR MID.	K.M.T
(M)	(TON)	(M3)	(T/CM)	(TM)	(M)	(M)	(M)	(M)
3.00	2122.	2049.	9.15	36.5	1.162	1.763	1.691	7.901
3.02	2141.	2067.	9.17	36.6	1.167	1.761	1.701	7.882
3.04	2159.	2084.	9.19	36.7	1.172	1.759	1.711	7.864
3.06	2177.	2102.	9.20	36.8	1.177	1.748	1.724	7.848
3.08	2196.	2120.	9.22	36.9	1.181	1.737	1.736	7.832

<그림 4-10> 새누리호 Hydrostatic Table 내 LCF

<표 4-5> 부면심(LCF)과 종축 부력중심(LCB)

종류	LCF	LCB
의미	수선면 중심	수면하 체적의 중심
역할	트림 발생의 축	부력 중심
표현	중앙에서 선수/선미 방향으로 meter 표현	중앙에서 선수/선미 방향으로 meter 표현
예	(+) 0.3	(-) 0.2

4.2.1.3 종복원력(Longitudinal Stability)

일반적인 선박의 복원력이라 하면 횡복원력을 의미한다. 하지만 선박은 종축방향으로도 복원력이 존재한다. 교재의 앞부분에서 살펴보았던 GM, KM, KB, BM 등과 유사한 개념이 종축 복원력에도 존재한다.

종적 복원성(Longitudinal Stability)이란, 선박이 피칭운동(Pitching) 및 트림 발생 메커니즘을 설명하는데 사용되는 개념이다. 이 복원성을 정량적으로 평가하기 위해 다음과 같은 주요 개념을 사용한다.

GML (종메타센터 높이, Longitudinal Metacentric Height)

선박의 무게중심(G)과 종메타센터(ML) 사이의 거리이다. GML이 클수록 종적 복원성이 양호함을 의미한다.

BML(종메타센터 반경, Longitudinal Metacentric Radius)

부심(B)과 종메타센터(ML) 사이의 거리이다. 선체 형상에 따른 순수한 기하학적 특성을 나타낸다.

KML(기선에서 종메타센터까지의 높이, Keel to Longitudinal Metacentre)
기선(K)으로부터 종메타센터(ML)까지의 수직 거리이다.

횡축방향(Transverse) 복원력과 대비하기 위하여 기호에 모두 종축(Longitudinal)을 의미하는 'L'이 추가되었다. 교재에 따라서는 일반적인 선박 복원력 즉 횡축방향 복원력에 횡축을 의미하는 'T'를 붙여 GMT, KMT, BMT 라 하기도 한다.

GML(종메타센터 높이, Longitudinal Metacentric Height)은 횡축방향의 복원력에서 설명하였던 원리와 동일하게 아래와 같이 도출된다. 선박 운항 관점에서 GML은 GM(T) 만큼 선박 복원력에 영향을 미치지 않아, 실제로 계산하는 경우는 드물다.

GML = KBL + BML- KG
GML = KML- KG

여기서,

KML = 기선에서 종메타센터까지의 높이
BML = 종메타센터 반경
KG = 기선에서 무게중심까지의 높이

BML은 종메터센터 반경으로 횡축방향 복원력에서 설명하였던 개념과 동일하게 아래와 같이 구할 수 있다.

$$BM_L = \frac{I}{V}$$

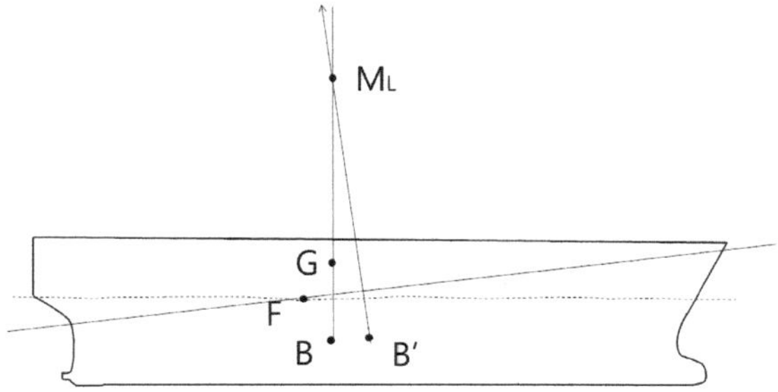

<그림 4-11> 종방향 복원력

여기서,

I = 관성모멘트(Second Moment of Area)(수선면에서 부면심을 통과하는 축 기준)
V = 배수체적 (Volume Displacement)

KML 등은 선박 건조시 계산되어 Hydrostatic Table에 흘수별로 제공된다.

4.2.1.4 매 cm 트림 모멘트(MTC)

선박 운항이나 화물 적재 시, 선박의 앞뒤 화물 배분이 변하면 트림이 발생한다. 이는 선박의 저항, 연료 소모, 안전성 등에 영향을 주기 때문에, 항해사는 이러한 변화를 이해하고 예측 계산해야 한다. 화물, 연료, 청수(water) 무게가 변할 때 선박의 트림 변화를 계산하기 위해 필요한 개념이 매 cm 트림 모멘트(MTC, Moment to Change Trim by 1 cm) 이다.

MTC는 선박의 트림(trim)을 1 cm 변화시키기 위해 필요한 모멘트(moment)를 의미한다. 모멘트이기 때문에 중량과 이동거리의 곱으로 표현된다. 실제 선박에서는 유체정역학도표(Hydrostatic Table)에서 MTC 값을 제공한다.

그림 4-12와 같이 화물 중량(w)를 거리(d) 만큼 이동하였다고 가정하면 다음과 같은 식이 성립한다.

$$\triangle \cdot GG' = w \times d$$

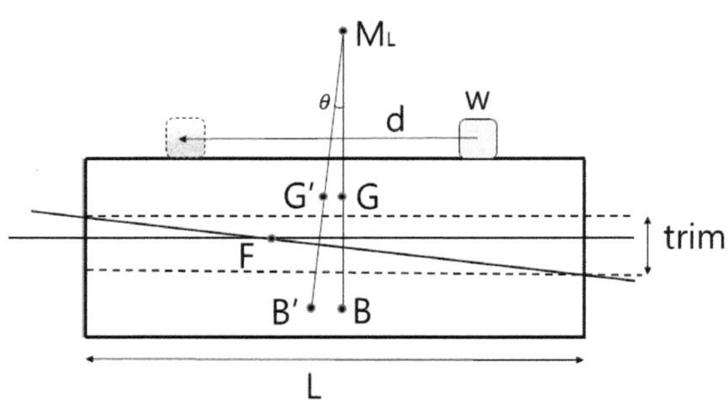

<그림 4-12> 트림 발생

여기서

$$\tan\theta = \frac{GG'}{GM_L} = \frac{wd}{\Delta GM_L}, \quad \tan\theta = \frac{trim(m)}{L}$$

이용하면,

$$trim(m) = L\frac{wd}{GM_L \cdot \Delta}$$

성립한다.

여기서 trim 0.01 m이 발생할 때 모멘트가 MTC 이므로,

$$\frac{1}{100}(m) = L\frac{wd}{GM_L \cdot \Delta}$$

$$wd = \frac{GM_L \cdot \Delta}{100L}$$

$$MTC = \frac{GM_L \cdot \Delta}{100L} \text{ (ton m)}$$

MTC 수식이 도출되며, 이를 이용하면 화물 w톤을 거리 d m 이동하여 발생한 모멘트를 활용하여 손쉽게 트림 변화량이 계산된다.

$$t(\text{트림변화량}, cm) = \frac{wd}{MTC}$$

MTC 개념은 선박 트림 변화를 계산하기 위해 필요하며, 기존에 살펴본 TPC와 함께 구분하여 사용해야 한다. 아울러 LCF와 LCB 또한 잘 구분하여 선박의 종복원력 개념에 적용해야 한다.

<표 4-6> MTC, TPC, LCF, LCB

용어	의미	단위
MTC	1 cm 트림 변화에 필요한 모멘트	ton m / cm
TPC	1 cm 침하에 필요한 중량	ton / cm
LCF	트림 발생 기준점 수선면적의 중심	m (선체 중앙에서 떨어진 거리)
LCB	선체하 체적의 중심인 종축부력중심	m (선체 중앙에서 떨어진 거리)

▼ 예제 1

아래 새누리호의 Hydrostatic Table 참고하여 실습선 흘수 3 m 인 경우, 화물무게 50톤을 얼마나 이동해야 트림이 5 cm 변화 할까?

▽ 풀이

t = wd / MTC

d = (MTC × t) / w = (36.5 × 5) / 50 = 3.65 m

DRAFT EXT. (M)	DISPL. (TON)	MOULD VOL. (M3)	T.P.C (T/CM)	M.T.C (TM)	L.C.B FR MID. (M)	L.C.F FR MID. (M)	K.B (M)	K.M.T (M)
3.00	2122.	2049.	9.15	36.5	1.162	1.763	1.691	7.901
3.02	2141.	2067.	9.17	36.6	1.167	1.761	1.701	7.882
3.04	2159.	2084.	9.19	36.7	1.172	1.759	1.711	7.864
3.06	2177.	2102.	9.20	36.8	1.177	1.748	1.724	7.848
3.08	2196.	2120.	9.22	36.9	1.181	1.737	1.736	7.832

▼ 예제 2

현재 트림이 trim by head 4 cm 이다. MTC가 36.5 ton m 라면, 등흘수가 되기 위해서는 화물 20톤을 어떻게 이동해야 하나?

▽ **풀이**

t = wd / MTC

d = (MTC × t) / w = (36.5 × 4) / 20 = 7.3 m

즉 선미쪽으로 7.3 m 이동해야 한다.

4.2.2 트림 및 흘수 계산

선내 중량물의 이동 및 적양하에 따라 선박의 배수량이 변화하게 된다. 이때 변화된 중량물의 위치가 부면심상에 있다면 선박은 트림 변화없이 선수 선미흘수 동일하게 변화할 것이다. 하지만 통상적인 경우는 중량물의 변화가 부면심에서 발생하지 않기 때문에 선수미 흘수의 변화에 차이가 발행하게 되고 이는 트림변화로 이어진다.

또한 부면심이 선박의 정중앙부에 위치하고 있다면 선수미 흘수의 변화량이 동일하게 발생하나, 부면심의 위치도 선수 혹은 선미방향으로 치우쳐 있기 때문에 부면심의 위치가 선수 혹은 선미 방향으로 치우쳐 있는 정도에 따라 선수미 흘수의 변화량에 차이가 발생하게 된다. 이러한 원리를 이용하여 선내 중량물의 이동 및 화물의 적양하에 따라 트림변화량 및 선수미 흘수의 변화를 계산할 수 있다.

4.2.2.1 선내 중량물 이동에 따른 흘수 계산

선박 운항 중에 중량물(청수, 화물 및 연료)의 이동이 발생할 수 있다. 이러한 경우 트림 변화량 및 새로운 흘수는 아래의 과정을 거쳐 계산된다.

중량물 w를 거리 d 만큼 이동하였다고 가정하면, 트림 변화량(cm)는 아래와 같이 구해진다.

$$t\,(cm) = \frac{w\,d}{MTC}$$

만일, 부면심 LCF가 선박의 정중앙에 위치한다면 트림 변화량을 선수 및 선미 흘수에 각각 50%씩 가감하여 손쉽게 새로운 선수 선미 흘수를 구할 수 있다. 하지만 LCF 위치가 정중앙에 있지 않기 때문에 아래와 같은 과정을 거쳐 새로운 선수미 흘수가 계산된다.

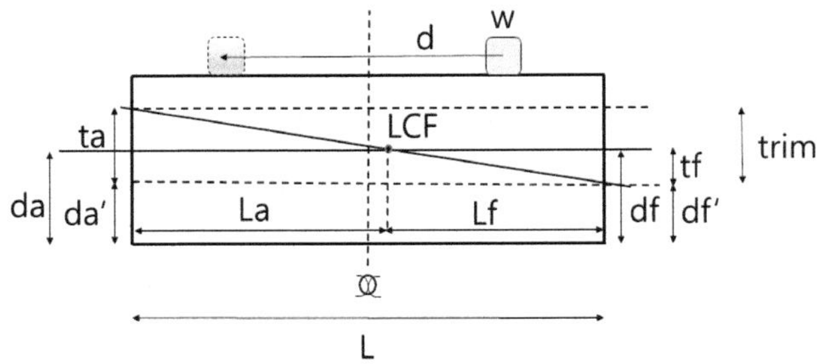

<그림 4-13> 트림변화량

그림 4.13에서 보는 바와 같이 선박 길이(L), 선수 및 선미 흘수 변화량(t_f, t_a), 트림변화량(trim: t) 사이 관계는 아래가 성립한다.

$$L : t = L_a : t_a$$

$$L : t = L_f : t_f$$

$$t_a = \frac{L_a}{L} t = \frac{L/2 + LCF}{L} \times \frac{wd}{MTC}$$

$$t_f = \frac{L_f}{L} t = \frac{L/2 - LCF}{L} \times \frac{wd}{MTC}$$

이렇게 구해진 선수미 흘수 변화량을 이용하여, 새로운 선수미 흘수는 아래와 같이 구해진다.

$$d_a{}' = d_a \pm t_a \text{(d가 선수이동시 -, 선미이동시 +)}$$

$$d_f{}' = d_f \mp t_f \text{ (d가 선수이동시 +, 선미이동시 -)}$$

이를 다시 정리하면,

$$d_a{}' = d_a \pm \frac{L/2 + LCF}{L} \times \frac{wd}{MTC}$$

$$d_f' = d_f \mp \frac{L/2 - LCF}{L} \times \frac{wd}{MTC}$$

여기서

w: 이동 중량물(ton), 적재시 (+), 양하시 (-)
d:화물의 이동거리(m), 선수 방향(+), 선미 방향(-)
t: 트림 변화량(cm), 선미 트림 증가시(+), 선수 트림 증가시(-)
LCF: 부면심(m), 선수 방향(+)
d_f, d_a: 초기 선수 및 선미 흘수(cm)
d_f', d_a': 새로운 선수 및 선미 흘수(cm)

만약 위의 식에서 LCF = 0일 경우 즉 부면심이 선체 정중앙에 위치하고 있다면 아래와 같이 식이 변경된다.

$$d_a' = d_a \pm \frac{1}{2}\frac{wd}{MTC}$$

$$d_f' = d_f \mp \frac{1}{2}\frac{wd}{MTC}$$

중량물 이동에 의해 발생한 모멘트를 MTC로 나눠, 총 트림변화량을 계산하고, 이를 선수와 선미에 각각 50% 할당하여 최종 변경된 흘수를 계산하게 된다.

▼ 예제 1

L = 120 m, 기존 선수 흘수 = 6.0 m, 기존 선미 흘수 = 7.0 m 이동하는 청수 중량 w = 50 tons, 이동 거리 선미측으로 10 m 이동시 새로운 흘수를 계산해라
단, MTC = 150 ton·m/cm, LCF = 1.0 m(선수방향)

▽ 풀이

$$t_a = \frac{L/2 + LCF}{L} \times \frac{wd}{MTC} = \frac{60+1}{120} \times \frac{50*10}{150} = 1.693$$

$$t_f = \frac{L/2 - LCF}{L} \times \frac{wd}{MTC} = \frac{60-1}{120} \times \frac{50*10}{150} = 1.637$$

선미 변화량 1.69 cm, 선수 변화량 1.64 cm

새로운 흘수는

$$d_a' = d_a \pm t_a = 700 + 1.69 = 701.7\ cm$$

$$d_f' = d_a \mp t_a = 600 - 1.64 = 598.4\ cm$$

4.2.2.2 소량 다수의 화물 적양하

화물의 적양하에 따른 흘수의 변화 계산은 화물의 이동에 따른 흘수변화의 경우와 다르게 추가적인 계산을 요한다. 화물의 적양하에 따라 배수량의 변동이 생기는 것을 함께 고려하는 것이 그 차이점이다.

화물 적양하에 따른 전체 흘수 변화를 TPC를 이용하여 먼저 구하고, 그 후에 화물이동에 따른 선수 선미 흘수를 구하는 단계를 거친다. 그 과정은 아래와 같다.

$$d_a' = d_a \pm \frac{\Sigma w_i}{TPC} \pm \frac{L/2 + LCF}{L} \times \frac{\Sigma(w_i \times d_i)}{MTC}$$

$$d_f' = d_f \pm \frac{\Sigma w_i}{TPC} \mp \frac{L/2 - LCF}{L} \times \frac{\Sigma(w_i \times d_i)}{MTC}$$

여기서,

w_i: 선적 및 양하된 i번째 중량물 무게, 선적시 (+)

d_i: i번째 중량물의 중심과 무면심과의 거리, 선미쪽(+)

4.2.2.3 다량 화물의 적양하

다량의 화물의 적양하 될 경우는 화물 적재 및 양하에 따라 배수량의 차이가 크게 발생하고 평균 흘수 변화가 크다. 이로 인하여 선수미 흘수 계산에 사용되는 기본적인 식에 사용되는 다양한 요소값(TPC, LCF)이 적양하 전후에 큰 차이가 발생한다. 따라서 적양하 전후의 값을 모두 사용하여 평균값을 이용하여 에러를 줄이는 방식을 취하고 있다. 트림변화에 영향을 주는 MTC의 경유는 적양하가 완료된 상태의 배수량에서 값을 사용하는 것이 타당하므로, 적양하 후의 MTC를 사용하는 것이 특징이다.

다량 화물의 적양하 전후의 다양한 요소값의 평균값을 사용하는 방식은 아래와 같다.

$$d_a{}' = d_a \pm \frac{\Sigma w_i}{\frac{1}{2}(TPC_1 + TPC_2)} \pm \frac{L/2 + (LCF_1 + LCF_2)/2}{L} \times \frac{\Sigma(w_i \times d_i)}{MTC_2}$$

$$d_f{}' = d_f \pm \frac{\Sigma w_i}{\frac{1}{2}(TPC_1 + TPC_2)} \mp \frac{L/2 - (LCF_1 + LCF_2)/2}{L} \times \frac{\Sigma(w_i \times d_i)}{MTC_2}$$

여기서,

TPC_1, LCF_1: 적양하 전의 TPC, LCF

$TPC_2, LCF_2 \cdot MTC_2$: 적향하 후의 TPC, LCF, MTC

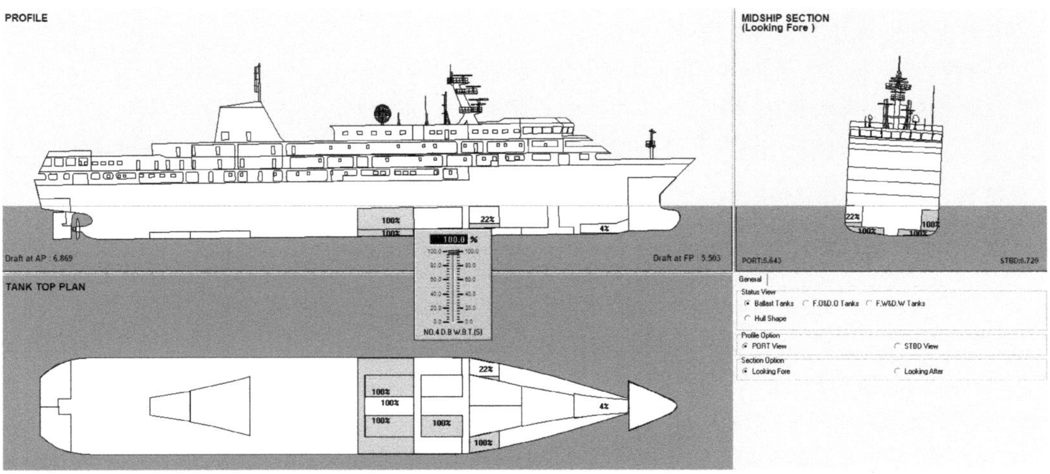

<그림 4-14> 실습선 세계로호 loading computer 활용한 트림 계산

최근에는 기술이 발달하여 위와 같은 계산방식을 사용하는 사례는 극히 없으며, 선박에 탑재된 컴퓨터를 활용하여 다양한 계산이 수행된다. 통상 로딩 컴퓨터(Loading computer)라고 불리는 장비에서 다양한 복원성 계산이 수행되고, 화물이동 및 적양하에 따른 세부적인 계산을 수행해 주고, 다양한 상황에서의 선박 자세와 유체정역학도표(Hydrostatic Table)의 값을 연속적으로 출력해 준다. 이를 이용하면 더욱 정확한 계산이 가능하다. 그림 4-14는 실습선 세계로호의 로딩 컴퓨터(loading computer)에서 평형수와 연료량을 조절하고, 선박의 자세를 실시간으로 확인하는 장면이다.

4.2.2.4 트림 테이블(Trim table/Diagram) 및 적화 척도(deadweight scale)

로딩 컴퓨터를 활용하여 특정 화물창, 연료유, 청수 탱크에 임의의 중량변화가 있을 때, 선수미 흘수의 변화를 즉각 알 수 있다. 이러한 컴퓨터를 활용하지 않더라도 간이 계산이 가능하도록 선박에 트림 테이블이 제공된다.

① 트림 테이블은 각 화물창 혹은 탱크내 중량 100톤을 적양하 하였을 때 발생하는 트림의 변화량 및 선수미 흘수의 변화량을 계산하여 도표로 제공하는 것이다.
다양한 배수량(흘수)별로 각 화물창 및 탱크에 중량 100톤이 변화되었을 때를 가정하여 흘수량 변화를 미리 계산해 둔 도표이다. 다만, 대표적인 배수량이나 흘수가 아닐 경우 보간을 이용하여 계산하거나, 100톤이 아닌 임의의 중량의 계산을 수행할 경우도 트림 테이블의 흘수변화량에 중량의 비율에 따라 별로도 추가 계산을 해야 하는 등 다소 번거롭기는 하다.
하지만 컴퓨터를 사용하지 않고, 개략적인 화물량의 변화에 대한 개략적인 흘수 변화량을 추정하는데 유효하다.
전체적인 사용 흐름은 아래와 같다.

- 배수량 혹은 흘수를 활용하여 현재의 평균흘수값을 도출
- 트림 테이블상에서 보간 혹은 평균흘수값에 근접한 대표 흘수에서 선수미 변화량 도출
- 이 값은 기준 화물량 100톤에 대한 값이므로, 실제 화물량에 비율을 가감하여 새로운 선수미 변화량을 도출
- 현재의 선수미 흘수에 최종 도출된 변화량을 가감

② 적화척도(deadweight scale)는 유체정역학도표(Hydrostatic Table)에서 적화 계획시 많이 사용되는 배수량별 MTC 와 TPC 값만을 따로 구분하여 표로 만든 것이다. 이는 현재 흘수에서 만재흘수까지 남아 있는 흘수와 가능 적화량 등을 개략적으로 손쉽게 예측하는데 유용하다. 하지만 최근에는 선박에 기본적으로 유체정역학도표(Hydrostatic Table)가 cm 단위의 흘수별로 TPC, MTC 등을 제공되고 있으며, 로딩 컴퓨터를 활용하면 쉽게 흘수 변화를 계산할 수 있기 때문에 그 활용도는 예전과 다르다고 볼 수 있다.

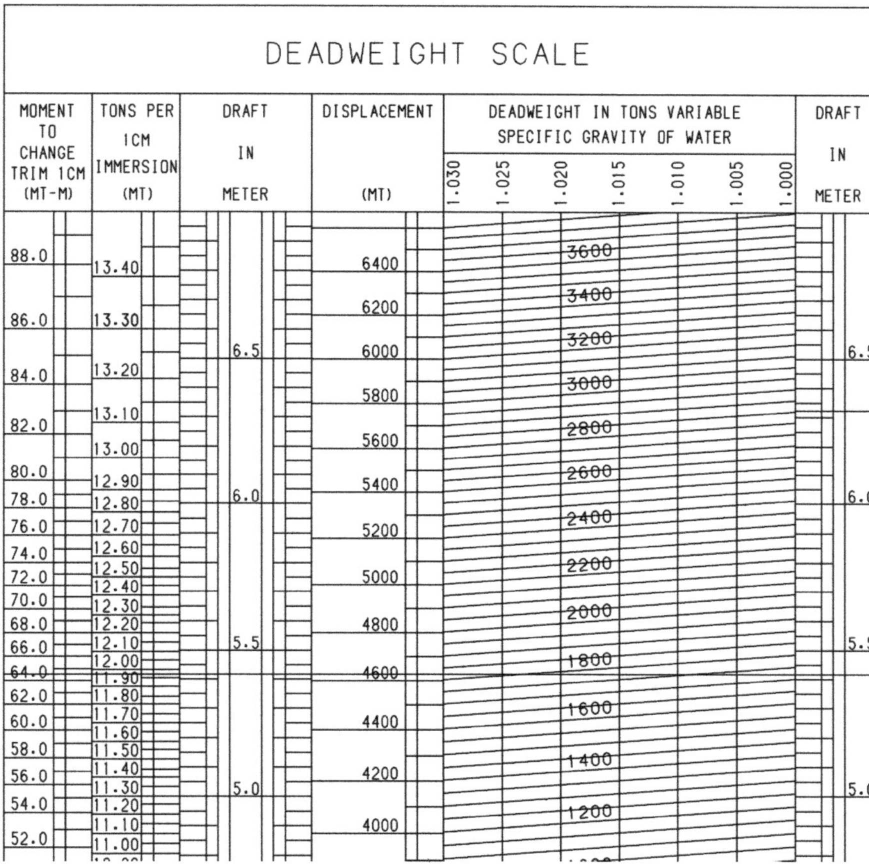

<그림 4-15> 새누리호 deadweight scale 예시

4.3 흘수 감정 및 배수량 계산

산적화물 선박(Bulk Ship)에서는 적재한 화물량을 정확히 파악하기 위하여 흘수 감정(Draft Survey)를 실시한다.

흘수 감정이란 선박에 화물이 적재되면 화물 선적 전후에 흘수 차이가 발생하게 되며, 아르키메데스 원리에 기초하여 선박의 배수량을 산출하고, 그 배수량에서 화물 이외의 모든 중량인 선박경하중량, 평형수, 연료유 등을 제외하여 선적된 화물량을 추정하는 방식을 말한다. 현재 실무의 산적 화물선은 국제적으로 통일된 방식을 이용하여 화물선적량을 추정하고 있다.

실무에서 많이 사용되는 방법은 선박 흘수 6개소를 모두 측정하고 이를 이용하여 Q/M 혹은 1/4 Mean 이라 불리는 흘수를 도출하고, 여기에 다양한 수정을 거쳐 최종 배수량을 계산하는 방법이 사용되고 있다. 또한 선수 선미 흘수를 이용하여 평균흘수(Mean draft)를 이용하고 이를 Hogging 및 Sagging 수정을 거쳐 최종 배수량을 계산하는 방식이 있다. 현재는 Q/M 방식을 이용하는 것이 주된 방식이다.

4.3.1 흘수 감정 순서

① 흘수 계측 (Draft reading)

선수 선미 선박 중앙에 위치한 6개소의 모든 흘수를 정확히 계측한다.

② 해수 비중 계측

선박 흘수의 1/2의 높이에 해당되는 곳의 해수를 채취하여, 비중계를 이용하여 해수 비중을 계측한다. 비중계는 그림 4-16과 같은 장비가 있으며, 최근에는 염도(salinity)를 측정하는 디지털 장비인 염도 굴절계(Salinity Refractometer)를 이용하는 경우도 있다. 이 장비는 빛이 다른 물질 특히 해수를 통과할 때 녹아있는 무기질량에 따라 빛 굴절률에 차이가 발생하는 원리를 이용한다.

③ 선박 평형수(Ballast Water), 청수(Fresh Water), 연료유(Fuel Oil) 등 계측

평형수 및 연료유 등의 적재량을 파악하여야 한다. 통상 Sounding Pipe를 통하여 계측자(Sounding scale)을 넣고, 평형수의 높이(Sounding)를 파악하고, 본선에 비치된 Capacity Plan 등의 도면을 활용하여 해당 평형수 탱크의 적재량을 계산한다. 물이 아닌 기름이 실린 연료탱크의 경우는 얼리지(ullage)를 계측한다.

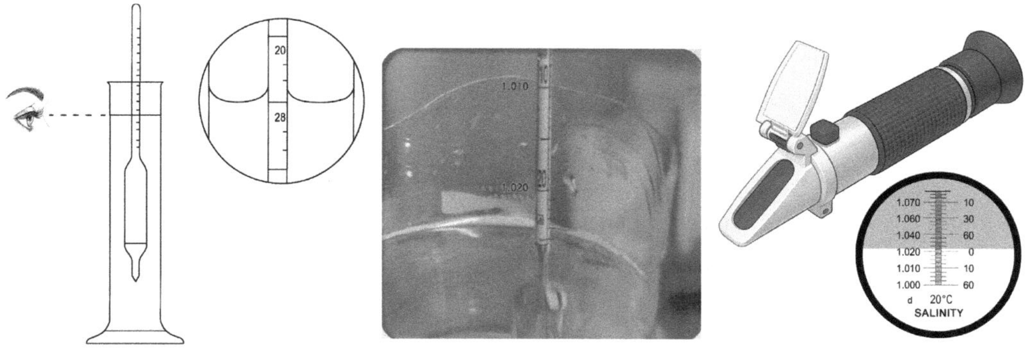

<그림 4-16> 비중계 및 디지털 장비

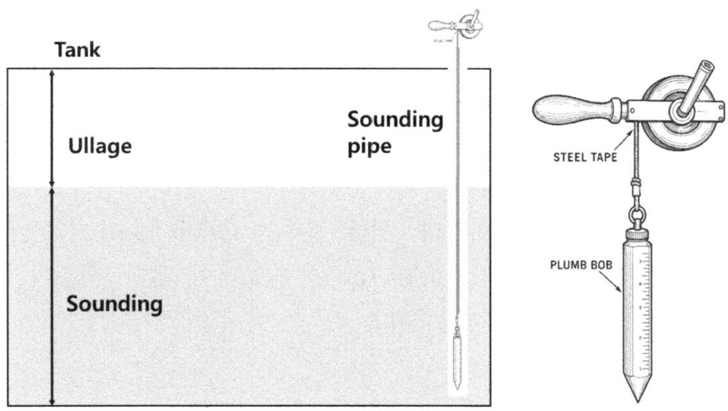

<그림 4-17> 평형수 탱크 사운딩

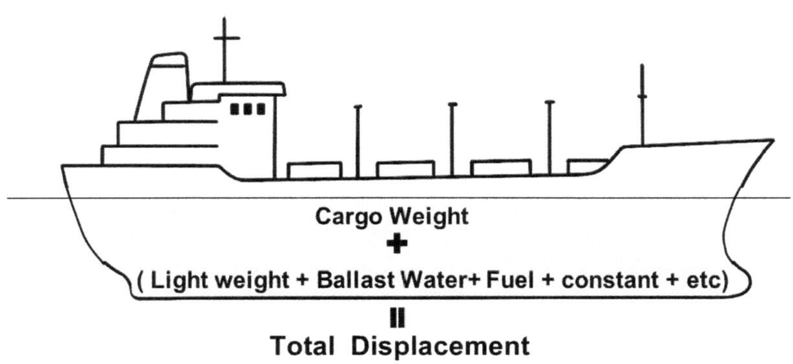

<그림 4-18> 화물량 계산 개념

④ 불명중량 (Constant) 추정

불명중량(Constant)란 선박에 존재하는 중량 중에서 정확한 중량을 모르거나, 그 존재 여부가 정확히 파악되지 않아, 흘수감정에 정확히 계산되지 않는 중량을 말한다. Ship's Constant (불명중량)의 값은 다양한 요인에 의해 영향을 받을 수 있다. 연료량의 오차, 밸러스트 탱크 내의 진흙, 잘못된 밸러스트 보정표, 승무원 및 적하물(Stores)의 변화 등이 원인이다. 또한 선박 경하중량(Light Ship Weight)도 세월이 지나면서 구조물 변경으로 변화할수 있다. 다양한 원인으로 불명중량이 발생한다.

⑤ 선박 경하 배수톤 (Lightship Displacement) 파악

조선소에서 선박이 건조되었을 때 선박 자체의 중량만을 의미하는 경하중량톤을 파악해 둔다. 화물이나 기타 평형수가 없는 상태의 순수 선박의 중량을 의미한다. 이 중량을 나중에 흘수 감정에서 계산된 총 배수량에 제외하여야 순수 화물량을 구할 수 있다.

⑥ 흘수 감정 과정 수행

상기에서 계측된 선박의 흘수 6개소를 이용하여 최종 흘수를 도출하고, 이를 이용하여 선박 총 배수량을 도출하는 과정을 의미한다. 최종 흘수인 Q/M(Quarter Mean) 흘수를 계산하고, 이를 선박의 배수량 테이블(Hydrostatic Table) 참조하여 해당 흘수의 배수량을 구한다. 이때 다양한 계산 및 보정 과정을 거치게 된다.

⑦ 순수 화물량 계산

화물의 순수 중량을 계산하기 위해서는 최종 도출된 총 배수량에서 화물 이외의 모든 중량을 제외하여야 한다.

4.3.2 흘수 감정(Draft Survey)

흘수 감정(Draft Survey) 작업은 선박의 수면 부근의 흘수선을 읽고, 선박이 수면하에 잠긴 부피를 계산하고, 선박의 배수량(displacement)을 산출하는 작업이다. 이를 통하여 선박에 적재되거나 하역된 화물의 중량을 간접적으로 계산하는 데 사용된다. 다양한 단계를 거치면 각 단계별로 오차가 없도록 계산을 수행해야 한다.

4.3.2.1 선박 흘수 읽기

흘수 감정의 첫 단계는 선박의 흘수 읽고, 배수량 계산에 사용되는 최종 흘수인 쿼터 평균(quarter mean)을 도출하는 것이다. 그림과 같이 선박 6곳의 흘수를 읽는다.

선수, 선미, 선박 중앙에 모든 흘수를 읽어야 한다.

부두에 있는 현측은 부두에서 바다에 면하고 있는 현측은 사다리 등을 이용하여 가급적 흘수선 근처에서 흘수를 읽는다. 바람 파도에 의해 수면이 상하로 동요가 발생하면 장시간에 걸쳐 해면의 평균치를 읽을 수 있도록 노력한다.

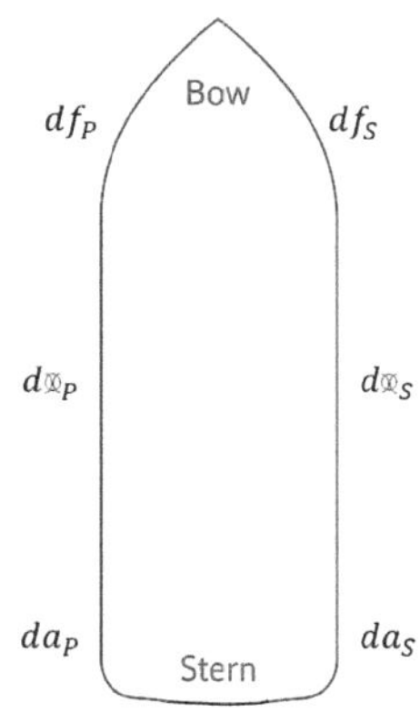

흘수 측정 장소

4.3.2.2 선수미 경사 수정

선박의 현재 상태에서 읽어 들인 명목 흘수(Apparent Draft) 중에서 선수 선미 흘수는 일부 수정(Correction)을 거쳐 보정 후 실제 흘수(True Draft)를 도출하고 이를 이용하여 최종 흘수를 도출한다.

이런 과정을 거치는 이유는 아래와 같다.

선박의 배수량 계산에 사용하는 기준 길이는 수선간장(Length Between Perpendiculars, LBP)이다. 따라서 흘수를 읽는 위치는 선수 수선 및 선미 수선이어야 한다.

하지만 현실적으로, 선미 또는 선수의 선체 구조상 수선간장의 정확한 기준점에 흘수 마크를 표시할 수 없는 경우가 대부분이다. 따라서 실제 흘수선은 수선간장 기준점에서 약간 떨어진 위치에 표시되어 있으며, 그 위치에서 읽은 흘수는, 트림이 발생할 경우 수선간장에서의 실제 흘수와 다를 수밖에 없다. 따라서 읽은 흘수값(Apparent Draft) 을 선박의 트림에 맞추어 수정 보정(Correction)한 실제 흘수(True Draft)를 구해 사용해야 한다. 그림 4-19에서 보는 바와 같이 통상선박은 Fd 와 Ad 만큼 떨어진 지점에 흘수 마크가 표시된다.

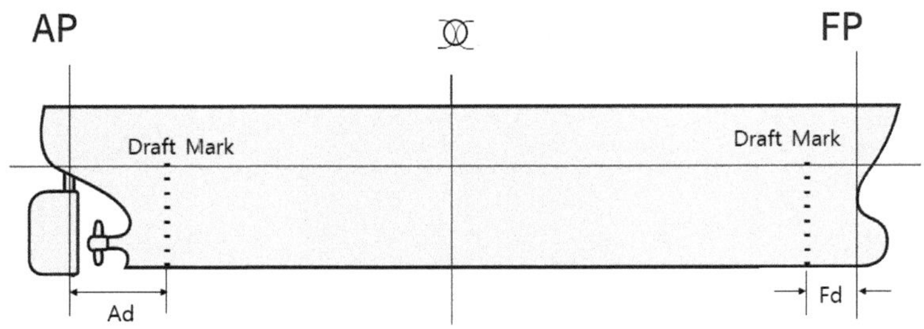

<그림 4-19> Draft Mark 위치

선수 쪽 흘수의 경우를 예를 들어 보정하는 과정을 설명하면 아래와 같다. 비례관계식에 의하여

$$df' = df \pm c$$

$$c = \pm Fd \times \tan\theta = \pm d \times \frac{t}{L_{BM}}$$

여기서,

df', df : 선수 실제 흘수(True Draft), 선수 겉보기 흘수(Apparent Draft)
c : 수정값(선수흘수값의 경우 선미트림시 음(-))
Fd : 실제 흘수 표시에서 수선간장 기준선까지의 거리
t : 겉보기 트림(Apparent Trim)
L_{BM} : 선수 선미 흘수 마킹 사이의 길이(혹은 LBP 사용)
θ : 종경사각

실무적으로는 수정값 c를 선박에 제공된 흘수 수정표(draft correction table)에서 찾아 구할 수 있다. 겉보기 흘수값으로 계산된 선박 트림량에 따라 계산된 수정값이 제공된다. 통상

선수흘수의 경우, 그 값이 선미트림이면 음(-), 선수 트림이면 양(+)으로 나타난다. 반면 선미 흘수 값의 경우는 부호가 반대가 된다.

이 값을 겉보기 흘수값에 가감하여 사용하면 된다. 통상 이 표에 언급된 트림량은 선미 트림을 의미한다. 선수 트림의 경우 그 부호를 반대로 표기되어 있다.

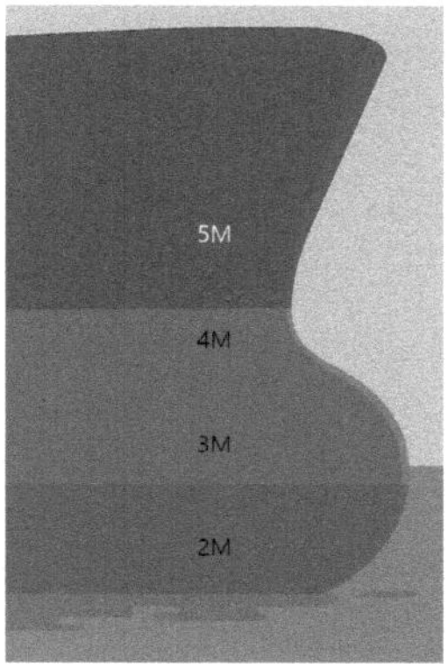

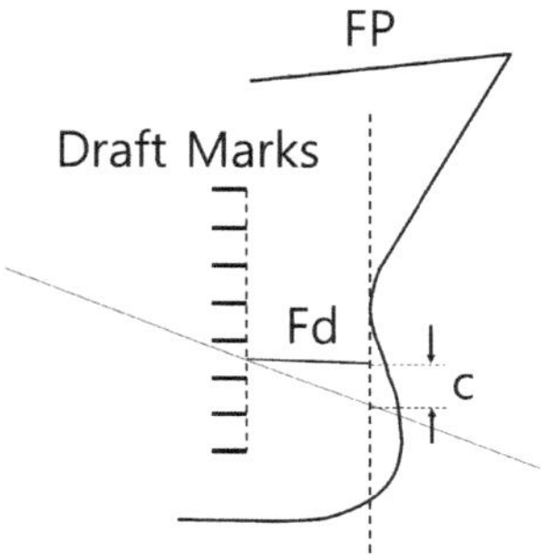

<그림 4-20> 선수미 경사 흘수 수정

<표 4-7> Trim Correction Table

App Trim(m)	FW D corr.	Aft D Corr.	App Trim(m)	FW D corr.	Aft D Corr.
2.0	-0.03	0.06	1.2	-0.017	0.022
1.9	-0.028	0.055	1.1	-0.015	0.02
1.8	-0.027	0.052	1.0	-0.014	0.015
1.7	-0.025	0.048	0.9	-0.012	0.013
1.6	-0.023	0.04	0.8	-0.01	0.012
1.5	-0.022	0.035	0.7	-0.008	0.009
1.4	-0.02	0.03	0.6	-0.007	0.0075
1.3	-0.018	0.024	0.5	-0.005	0.006

4.3.2.3 최종 흘수(Quarter Mean 혹은 3/4 Quarter Mean)

선수미 경사 수정 과정을 거치 실제 흘수값이 도출되었다면, 이를 이용하여 흘수에 따른 최종 배수량을 계산하는 과정을 거쳐야 한다.

선박은 길이 방향으로 하중이 분포됨에 따라 변형(deformation)되며, 이러한 변형은 Hogging 및 Sagging현상으로 나타난다. 이런 상태에서 관측된 선박 흘수로 배수량를 계산한다면 오차가 발생한다. 이를 보정하는 방법으로 몇 가지가 있으나, 가장 많이 사용되는 것이 Quarter Mean 혹은 3/4 Quarter Mean 이라 불리는 방식이다.

등흘수 경우 선수미 흘수의 평균은 선박 중앙흘수와 같아야 하나, 선박 변형(Hogging, Sagging)에 의해 이러한 경우는 거의 발생하지 않고, 선박 중앙부의 흘수가 변화한다. 따라서 이러한 변화량을 최종 배수량 계산에 반영될 수 있도록 고안한 방식이 사용되고 있다.

배수량 계산에 사용되는 최종 흘수(quarter mean 혹은 3/4 Quarter Mean) 계산과정은 아래와 같다.

① 선수미 평균 흘수 (dm)

$$dm = \frac{df' + da'}{2}$$

선수 및 선미 실제 흘수 평균값을 이용하여 선수미 평균 흘수를 계산한다.

② 중앙부 평균 흘수 ($d\otimes$)

$$d\otimes = \frac{d\otimes_P + d\otimes_S}{2}$$

선체 중앙부의 좌현 및 우현 흘수를 평균하여 중앙부 평균 흘수를 계산한다

③ 평균흘수의 평균(Mean of Mean, M/M)

$$M/M = \frac{dm + d\otimes}{2}$$

선수미 평균흘수와 중앙부 평균흘수를 평균하여 M/M 을 계산한다.

④ 최종 흘수인 쿼터 평균(quarter mean. Q/M)

$$Q/M = \frac{M/M + d\otimes}{2} = \frac{df' + da' + 3(d\otimes_P + d\otimes_S)}{8}$$

위에서 보는 바와 같이 선체 중앙부 평균 흘수를 한번 더 평균함으로써, 최종 흘수(quarter mean 혹은 3/4 Quarter Mean)를 도출한다. 식에서 보는 바와 같이 선박 6곳의 흘수 중에서 선박 중앙부 좌현 및 우현 흘수의 중요성이 매우 높음을 알 수 있다. 선체 중앙부만 고려하면 전체의 약 3/4 즉 75%의 중요도가 있음을 알 수 있다.

이렇게 도출된 최종 흘수(Q/M)를 이용하여 Hydrostatic Table에서 배수량을 구한다.

실무에서는 상기의 과정을 거쳐 도출된 최종 흘수(Q/M)를 이용하면 충분하나, 참고로 이러한 과정이 나오기까지 이론적 배경은 아래와 같다.

만약 상자 형태의 선박이 그림 4-21과 같이 떠 있으며, Sagging 상태가 된다면, 그림과 같이 선수미 흘수는 변화가 없으나, 중앙부 흘수가 d만큼 증가한다고 가정하자. 이렇게 증가된 흘수를 그대로 흘수에 반영하면 빗금친 반달 모양 만큼의 배수량이 추가로 계산되어 오차가 발생한다. 수학적 계산에 의하면 선박이 박스 형태이며, 아래와 같이 포물선 형태로 Hogging 및 Sagging 이 발생한다고 하면, 선박 변형에 의해 증가된 빗금 친 반달모양(①②⑤) 배수량

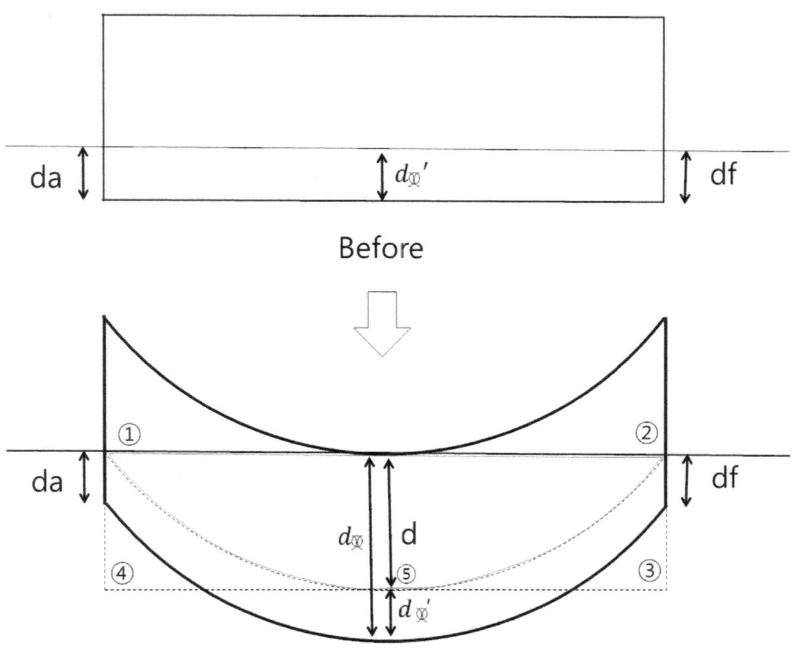

<그림 4-21> Hogging Sagging에 의한 배수량 오차 수정(상자형)

은 전체 사각형 ①②③④의 2/3의 비율이라는 것이 파악되었다. 즉 선체 중앙부 흘수에 d 만큼 오차가 발생하고, 중앙부의 증가된 흘수를 최종 흘수에 포함시켜 배수량을 계산하면 배수량 증가율은 2/3 즉 66.6% 증가함을 의미하며, 이것은 배수량 증가율에 미치는 중앙부 흘수의 영향력을 간접적으로 나타내고 있다. 따라서 선박의 다양한 장소의 흘수표를 읽고 산술 평균을 통해 최종 배수량을 결정할 때 중앙부 흘수값에 66.6% 정도의 가중치를 주어야 한다는 의미이다.

한편, 선박의 경우 상자 형태가 아니며 수선면(waterplane) 또한 완전한 사각형 형태가 아니기 때문에 위에서 소개한 수학적 도출값 2/3이 아닌, 그보다 다소 큰 약 3/4 (75%) 정도의 영향력이 있다고 밝혀져 있다. 이 값은 당연히 선형, 수선면 등의 다양한 요소에 의해 변화되지만, 선박 건조시 다양한 선형에 따라 계산한 결과 도출된 통계값이다.

결론적으로 선박의 경우 선체 변형(Hogging, Sagging)으로 발생한 중앙부 흘수 오차가 배수량 증감에 미치는 영향력이 75%임을 수식에 반영하기 위하여 아래와 같은 과정이 개발되었다.

중앙부 흘수와 선수미흘수 평균을 이용하여 배수량 계산할 최종 흘수는 아래와 같이 생각할 수 있다.

$$\frac{3}{4}d_{\otimes} + \frac{1}{4}d_m$$

여기서

$d_{\otimes}, d_m$: 최종 중앙 흘수 평균($d_{\otimes}' + d$), 선수미 흘수 평균

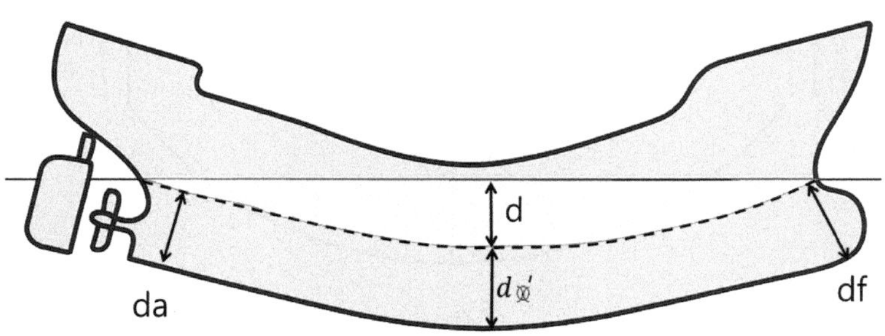

<그림 4-22> Hogging Sagging에 의한 배수량 오차 수정(선박)

이 식에서 선체 변형이 없다면 최종 중앙 흘수평균과 선수미 흘수 평균은 같아야 한다. 선체 변형이 발생하면 중앙 흘수 평균값이 증감하고, 그 증감이 배수량 계산에 3/4 즉 75% 영향을 미치게 된다.

이 식을 다소 변형하면 아래와 같다.

$$\frac{3}{4}d_{\otimes} + \frac{1}{4}d_m = \frac{3d_{\otimes} + d_m}{4} = \frac{3(\frac{d_{\otimes p} + d_{\otimes p}}{2}) + \frac{1}{2}(d_f{}' + d_a{}')}{4}$$

이 식은 최종적으로 아래와 같이 표현된다.

$$\text{최종 흘수} = \frac{3(d_{\otimes p} + d_{\otimes s}) + (d_f{}' + d_a{}')}{8}$$

이렇게 도출된 최종 흘수를 quarter mean draft 혹은 3/4 (three-quarter) mean draft 라 부른다. 통상 quarter mean draft (Q/M) 표현이 보편적이며, 영어권에서는 3/4 (three-quarter) mean draft 용어가 사용되기도 한다. Hogging 및 Sagging에 의해 선체가 변형되고 발생한 중앙 흘수 오차가 배수량에 3/4 비중으로 영향을 준다는 의미로서 3/4 (three-quarter) mean draft 용어가 사용되고 있다.

4.3.2.4 트림 수정

Hydrostatic Table에 표기된 흘수별 배수량은 선박이 등흘수인 경우를 가정하여 계산된 것이다. 따라서 선박이 트림이 발생하면 그 계산값에 수정을 수행해야 한다. 이러한 과정을 트림 수정(Trim Correction)이라고 한다. 통상 실무에서는 2단계의 트림 수정을 수행한다.

① 1차 트림 수정(First Trim Correction)

흘수 감정에서 중앙 흘수 값은 상당히 중요하다. 선박이 트림이 발생하면 중앙 흘수값이 왜곡되어 측정된다. 그 이유는 선박의 트림 발생 축이 선박의 중앙이 아닌 부면심(LCF) 에 위치하기 때문이다. 만약 선박의 트림 발생 축이 선체 중앙이라면 흘수값 측정에 오류가 없으나, 트림에 의하여 측정 오차가 발생한다.

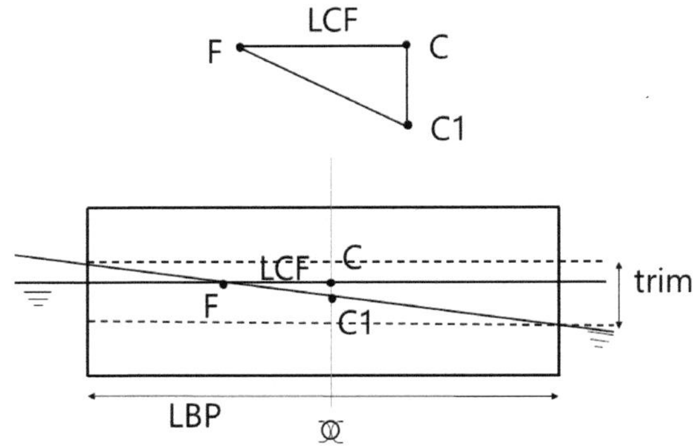

<그림 4-23> 제1차 트림 수정

그림 4-23에서 보는 바와 같이 트림이 발생하게 되면 선체 중앙부의 흘수 값이 변화한다. 그 이유는 LCF가 선체 중앙에 위치하지 않기 때문이다. 실제 흘수값은 C값이나, 트림시는 C1값으로 흘수를 읽게 된다. 그 에러가 발생한다. 이를 보정해 주는 것이 트림 제1 수정이다.

그 과정은 CC_1 만큼의 흘수값 변화를 배수량에서 가감해 주면 된다.

비례관계에 의하여 아래가 성립한다.

$$LBP : LCF = Trim(cm) : CC_1(cm)$$

$$CC_1 = \frac{LCF}{LBP} \times Trim\ (cm)$$

따라서 제1트림 배수량 수정량(w1)은 이 흘수 에러와 TPC를 이용하여 다음과 같다.

$$w_1 = \frac{LCF}{LBP} \times Trim(cm) \times TPC$$

여기서,

w_1 는 제1차 트림 수정량(Ton), LCF가 선미방향에 위치하면 (-),

LBP : 선박수선간장(m), LCF: 부면심 위치(m)

$Trim$: 트림(cm), 선미트림의 경우 (+),

TPC : Ton Per Centimeter (Ton)

즉, 트림 제1 수정은 중앙 흘수값의 오차 만큼을 TPC를 이용하여 보정하는 단계라 요약할 수 있다.

유체정역학표(Hydrostatic Table)에 의하면, LCF의 부호는 통상 한국 및 일본 등과 같은 아시아 국가에서는 부면심이 선박 후방에 위치하면 음수 (-)로, 부면심이 선박 중앙에서 선수 방향 쪽에 위치하면 양수 (+)로 표시한다. 반면 미국 및 유럽국가에서는 그와 반대로 표기하고 있다. 한국의 경우를 감안할 때 트림 수정 제1 수정식을 그대로 사용할 수 있다.

1차 트림 수정을 반영하면 배수량은 아래와 같이 보정된다.

$$\triangle_1 = \triangle_{Q/M} + w_1$$

여기서, $\triangle_1, \triangle_{Q/M}, w_1$는 1차 트림 수정 반영 후 배수량, Q/M 흘수로 도출된 배수량, 1차 트림 수정 보정량을 각각 의미한다.

② 2차 트림 수정(Second Trim Correction)

선박의 트림이 급격히 증가함에 따라 수선면의 형태가 변화한다. 이러한 수선면(Waterplane)의 변화는 선미트림의 경우는 선미 측 수선면이 증가하게 되고, 선수 측 수선면이 감소하게 된다. 이러한 상황에서는 Hydrostatic Table상에 표시된 부면심(LCF)의 위치가 원래의 위치에서 이동하게 된다. 이렇듯 LCF의 위치는 트림이 발생할 경우 그 위치가 변화할 수 있다.

따라서 보정을 통하여 이를 감안하여야 하는데. 이 수정을 2차 트림 수정이라 부른다. 이 수정식은 일본 선박공학자인 Nemoto가 제안하였다 알려져있고, 그 이름을 이용하여, Nemoto 수정식이라 부르기도 한다. 세부 내용은 아래와 같다.

$$w_2 = 50 \times \frac{Trim^2}{LBP} \times \frac{dMTC}{dDraft}$$

여기서, w_2 는 제2차 수정량(Ton), 항상 양(+)의 부호

$Trim$: 트림(m)
MTC : 매 cm 트림 모멘트
$\frac{dMTC}{dDraft}$: 흘수가 1 m 증가할 때 MTC의 증가량(Ton)

흘수가 1 m 증가시 MTC증가량을 손쉽게 구하는 방법은 Hydrostatic Table상에서 해당 흘수의 전후 0.5 m 부근의 MTC 값을 구하여 그 두 값의 차이를 구하면 된다.

이를 이용하여 최종 트림 제2 수정에 의한 배수량을 구하면 아래와 같다.

$$\triangle_2 = \triangle_{Q/M} + w_1 + w_2$$

4.3.2.5 해수비중 수정(density correction)

유체정역학표(Hydrostatic Table)에 표시된 배수량은 표준해수 상태에서 배수량을 의미한다. 하지만 실제 선박이 떠 있는 해수는 다양한 해수 비중을 갖고 있다. 이를 보정해 주어야 한다.

그 원리는 표준해수에서 선박이 차지하고 있는 용적을 구하고, 그 용적에 실제 선박이 떠 있는 해수 비중을 이용하여 실제 배수량을 구하는 과정을 거친다. 식으로 표현하면 아래와 같다.

$$\triangle_{1.025} = V \times \rho'_{1.025}$$

$$V = \frac{\triangle_{1.025}}{\rho'_{1.025}}$$

표준해수에서의 선박 수면하 체적을 구한다. 이를 이용하여, 최종 해수 비중 수정을 수행한다.

$$\triangle = \frac{\triangle_{1.025}}{\rho'_{1.025}} \times \rho'$$

여기서, $\rho'_{1.025}$, ρ' : 표준해수 및 현재 선박이 떠있는 해역의 해수비중

$\triangle_{1.025}$: 유체정역학표에 기재된 표준해수에서 배수량

$\triangle$: 해수비중 수정을 거친 최종 배수량

따라서 위의 과정을 이용하면 최종 배수량은 아래와 같이 된다.

$$\Delta_3 = \frac{\Delta_2}{\rho'_{1.025}} \times \rho'$$

여기서, Δ_3 : 최종 배수량,

4.3.2.6 호깅(Hogging), 새깅(Sagging) 배수량 수정

선수미 평균 흘수의 mean draft을 활용하여 Hydrostatic Table에서 배수량을 구한 경우는 아래와 같은 수정을 수행해야 한다.

대형선의 경우 굽힘 응력(bending moment)에 의해 선박은 Hogging 및 Sagging 상태를 유지하게 된다. 실무적으로는 만재시 새깅 상태, 밸러스트 공선 상태에서는 호깅 상태가 발생한다. 이럴 경우 선박 중앙부의 흘수에 오차가 발생한다. 이를 반영하기 위한 추가 수정을 수행해야 한다.

그림 4-24에서 보는 바와 같이, 선수미 평균 흘수(dm)을 사용하여 배수량을 계산하게 되면 중앙흘수에 오차(d)가 발생한다.

흘수 감정의 최종 흘수(quarter mean 혹은 3/4 Quarter Mean) 도출과정에서 설명한 바와 같이, 선체 중앙부 흘수의 오차(d)는 배수량에 개략적으로 3/4 만큼 영향을 미친다. 이를 보정해야 한다. 여기서 흘수 오차 d는 hogging 및 sagging 량에 해당된다.

중앙부 흘수 보정량(d) 와 TPC(ton/cm)를 이용하여 개략적으로 배수량 보정을 수행한다.

$$w_3 = \frac{3}{4} d \times 100 \times Tcm \ \text{(ton)}$$

여기서, d는 중앙부 흘수 보정치(m)로 $d = (d\otimes - dm)$ 로 구한다.

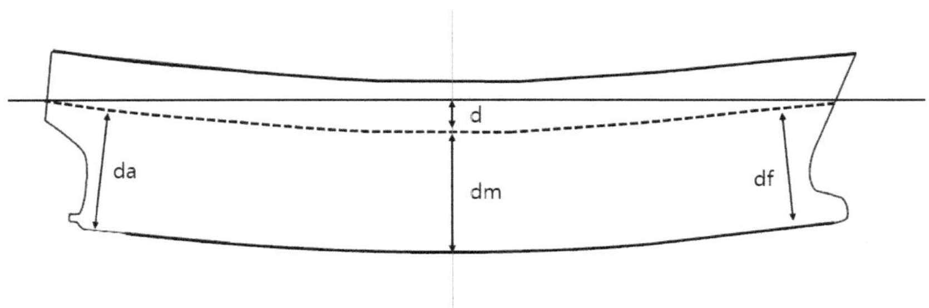

<그림 4-24> Hogging Sagging 수정

이는 선체 중앙부 양현 평균흘수와 선수미 평균흘수의 차이로, 그 부호는 새깅시 양 (+), 호깅시 음 (-)이 된다.

위의 식보다 정확히 계산하기 위해서는 수선면적계수(Cw)를 이용한 계수를 사용할 수도 있다. 다양한 수선면적 형상에 따른 관계식을 도입하면 아래와 같은 수식이 된다.

$$w_3 = \frac{K}{C_w} d \times 100 \times Tcm$$

여기서,

$$K = \frac{2}{3}[1 - \frac{3(1-Cw)^2}{3-2Cw}]\text{: 호깅새깅 보정계수}$$

$$Cw\text{: 수선면적 계수}$$

즉, 다양한 수선면적에 따라 도출된 호깅 새깅 보정 계수(K/Cw)를 도입하여 보다 정확한 계산을 수행하려는 의도이다. 그 계수값은 수선면적이 완전 사각형이 경우 2/3 (=0.667)이 되며, 수선면적계수값이 작아짐에 따라 그 계수값도 증가한다. 수선면적 계수가 0.5가 되면, 그 계수값은 0.834 정도로 분포된다.

즉 상자형 선박과 같이 Cw값이 큰 선박들은 그 계수값이 0.667에 가까울 것이며, 실제 선박과 같이 Cw값이 점점 작아지면 통상적인 선박의 Cw값 범위 0.8~0.85사이에서 보정 계수(K/Cw)값은 3/4 (=0.75)로 나타난다. 따라서 선박의 해당 흘수에서 Cw값을 정확히 도출하면 이러한 배수량 오차 감안을 더 정확히 수행할 수 있다. 실무에서는 해당 흘수에서 TPC 값과 이 보정계수 값이 제공되며, 이를 이용하여 보다 정확한 호깅 새깅 배수량 수정을 수행할 수 있다.

4.3.3 화물량 계산

실제 선박 흘수를 읽고, Hydrostatic Table 정보를 활용하여 아래의 조건에서 화물량 계산 과정을 수행해 보자

1) 선박제원 정보

LOA: 103 m, LBP: 94 m, Breadth: 15.6 m, Light Ship Weight: 2821 ton
해수비중 1.015

2) 새누리호 6곳 흘수 정보

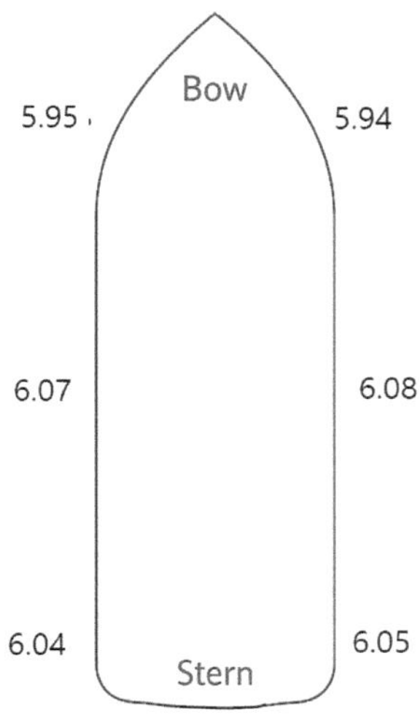

3) 선박 탑재 정보 (단위:ton)

Deductible Weight	Ballast Water	220
	DO	100
	FO	110
	Fresh Water	100
	Sub Total	530
Constant (etc)		50
Light Displacement		1500
Total		2150

① 선수, 선미, 중앙 흘수 계산
선수, 선미, 중앙흘수를 이용하여 df, da, d⊗를 아래와 같이 구한다.

df = (5.94+5.95)/2 = 5.745
d⊗ = (6.07+6.08)/2= 6.082
da = (6.04+6.05)/2 = 6.245

② 선수미 경사 수정을 이용하여 선수 선미 흘수 보정
선수미 경사 수정법에 의하여

$$df' = df \pm c$$
$$da' = da \pm c$$

이때, 수정값 c는 선박이 제공하는 Trim corr. table을 활용한다.

App Trim(겉보기 트림) = (6.245-5.745) = 0.5 m

df' = 5.745-0.005 = 5.74 m
da' = 6.245+0.006 = 6.251 m
True Trim(트림) = 0.511 m

③ Q/M 계산
Q/M 흘수 계산법을 활용하면 아래와 같다.

선수미 평균 흘수 (dm)

$$dm = \frac{df' + da'}{2} = \frac{5.74 + 6.251}{2} = 5.996\ m$$

중앙부 평균 흘수(d⊗)

$$d\otimes = \frac{d\otimes_P + d\otimes_S}{2} = \frac{6.077 + 6.087}{2} = 6.082\ m$$

M/M 흘수

$$M/M = \frac{dm + d\otimes}{2} = \frac{5.9955 + 6.082}{2} = 6.039\ m$$

Q/M 흘수

$$Q/M = \frac{M/M + d\otimes}{2} = \frac{6.0387 + 6.082}{2} = 6.06\ m$$

④ 최종 흘수를 활용하여 배수량 계산
Q/M 흘수 6.06 m를 이용하여 Hydrostatic Table에서 배수량을 구하면

$$\triangle_{Q/M} = 5427$$

⑤ Trim1, Trim2 수정

⑤-1 이를 위하여 선박 제원, 트림량, Hydrostatic Table을 활용하여 아래 정보를 획득하라

LCF, Trim, TPC, LBM(LBP), dMTC/dDraft

Q/M 흘수 6.06 m 활용 아래 정보 획득

LCF	Trim	TPC	LBP	dMTC/dDraft	MTC@6.56	MTC@5.56
-6.116	0.511	12.92	94	17.6	85.6	68

⑤-2 Trim1, Trim2 수정 실시

Trim1 수정

$$w_1 = \frac{LCF}{LBP} \times Trim(cm) \times TPC$$

$$= \frac{-6.116}{94} \times 0.511 \times 100 \times 12.92 = -42.9559$$

$$\triangle_1 = \triangle_{Q/M} + w_1$$

$$\triangle_1 = 5427 - 42.9559 = 5384.044$$

Trim 2 수정

$$w_2 = 50 \times \frac{Trim^2}{LBP} \times \frac{dMTC}{dDraft}$$

$$w_2 = 50 \times \frac{0.511^2}{94} \times 17.6 = 0.04889$$

$$\triangle_2 = \triangle_{Q/M} + w_1 + w_2$$

$$\triangle_2 = 5384.044 + 0.04889 = 5384.093$$

⑥ 해수비중 수정 (density correction) 수행

$$\triangle_3 = \frac{\triangle_2}{\rho'_{1.025}} \times \rho'$$

$$\triangle_3 = \frac{5384.093}{1.025} \times 1.015 = 5331.565$$

⑦ 최종 화물량 계산

청수, 연료유 등 화물 외 총 중량은 아래와 같다.

Deductible Weight(평형수+연료유+청수 등) = 530 ton

constant = 50 ton

경하중량 = 2821 ton

화물외 총 중량 = 3401 ton

순수화물량(Cargo On Board) = 총 배수량 - (경하중량 + 평형수 + 연료 + 불명중량 등)

= 5331.565- (2821+ 530 + 50) = 1930.566 ton

〈참조〉 새누리 Hydrostatic Table

HYDROSTATIC PARTICULARS IN SALT WATER(S.G. = 1.0250)

DRAFT EXT.	DISPL.	MOULD VOL.	T.P.C	M.T.C	L.C.B FR MID.	L.C.F FR MID.	K.B	K.M.T
(M)	(TON)	(M3)	(T/CM)	(TM)	(M)	(M)	(M)	(M)
5.64	4898.	4744.	12.33	70.0	-0.008	-4.922	3.210	7.633
5.66	4922.	4768.	12.36	70.5	-0.032	-4.992	3.223	7.636
5.68	4947.	4792.	12.39	71.0	-0.057	-5.062	3.235	7.639
5.70	4972.	4816.	12.42	71.5	-0.081	-5.131	3.247	7.642
5.72	4996.	4840.	12.45	72.0	-0.106	-5.200	3.258	7.645
6.04	5402.	5234.	12.89	79.2	-0.521	-6.067	3.453	7.697
6.06	5427.	5259.	12.92	79.7	-0.546	-6.116	3.465	7.701
6.08	5453.	5284.	12.94	80.0	-0.573	-6.142	3.477	7.703
6.10	5479.	5309.	12.95	80.2	-0.600	-6.155	3.490	7.706
6.12	5505.	5335.	12.97	80.5	-0.626	-6.169	3.503	7.708
6.52	6030.	5846.	13.25	85.1	-1.119	-6.315	3.747	7.745
6.54	6057.	5871.	13.27	85.4	-1.142	-6.315	3.759	7.746
6.56	6083.	5897.	13.28	85.6	-1.164	-6.315	3.771	7.748
6.58	6110.	5923.	13.29	85.8	-1.187	-6.315	3.783	7.749
6.60	6136.	5949.	13.30	86.0	-1.209	-6.315	3.794	7.750

Draft Survey Report

T/S SEANURI

1.Draft Information

dfp	5.75		df	5.745	
dfs	5.74				
d⊗p	6.077		d⊗	6.082	
d⊗s	6.087				
dap	6.24		da	6.245	
das	6.25				

2. 선수미 경사 수정 / **3. Q/M Draft**

App trim	0.5	corr		dM	5.9955
df '	5.74	-0.005		d⊗	6.082
da '	6.251	0.006		M/M	6.0388
True Trim	0.511			Q/M	6.0604

4. Q/M Dispalcement

△3/4	5427	ton	

5. Information for Trim Corr.

LCF	TPC	LBM(LBP)	dMTC/dDraft	MTC@6.56	MTC@5.56
-6.116	12.92	94	17.6	85.6	68

6. Trim Corr.

Trim Corr1	-42.956	ton
△ 1	5384.044	ton
Trim Corr2	0.049	ton
△ 2	5384.093	ton

7. SG Corr.

△3 SG corr.	5331.565	ton	V1.025	5252.7736	㎥
			SG	1.015	

8. Deductible Weight

Deductible Weight	Ballast Water	220
	DO	100
	FO	110
	Fresh Water	100
	Sub Total	530
Constant (etc)		50
Light Ship Displacement		2821
Total		3401

9. Cargo on Borad

1930.565	Ton

부록 1 GENCON 2022

BIMCO

GENCON 2022

UNIFORM GENERAL CHARTER **PART I**

1. Shipbroker	2. Place and Date
3. Owners/Place of business (full style address, email)	4. Charterers/Place of business (full style address, email)
5. Vessel (i) Name: (ii) IMO Number: (iii) Class/Classification Society: (iv) P&I Club:	6. GT/NT (i) GT: (ii) NT: 7. DWT all told on summer load line in metric tons (about)
8. Present position (Cl. 1)	9. Expected ready to load (about) (Cl. 1)
10. Loading port(s) or place(s) (Cl. 1)	11. Discharging port(s) or place(s) (Cl. 1)
12. Cargo (also state quantity and margin in Owners' option, if agreed) (Cl. 1) (i) Part cargo (yes/no): (ii) Commodity(ies): (iii) Quantity: (iv) Margin/tolerance:	
13. Cargo transfer operations (state whether Charterers are permitted to use barges/lighters) (Cl. 3(e))	
14. Freight rate (state rate or lumpsum and amount and currency) (Cl. 7(a))	15. Freight payment (state how and when payment is to be made and name of beneficiary and bank account) (Cl. 7(a))
16. Cargo handling gear (state if Vessel's cargo handling gear shall not be used) (Cl. 4(c))	

17. Laytime (if separate laytime for loading and discharging is agreed, fill in (i) and (ii). If total laytime for loading and discharging, fill in (iii) only) (Cl. 10(b)) (i) Loading (state days or rate, and if SHINC or SHEX): (ii) Discharging (state days or rate, and if SHINC or SHEX): (iii) Total laytime for loading and discharging (state days or rate, and if SHINC or SHEX):	
18. Laydays/Cancelling (Cl. 9(d), 14(a))	19. Demurrage (state rate and whether per day or pro rata) (Cl. 13(a))
20. Freight Tax (state for whose account) (Cl. 25(c))	21. Vessel's agents (state party to nominate) (Cl. 26)
22. General Average (Cl. 29)	23. Brokerage commission and to whom payable (Cl. 35)
24. ETA Notices for loading (Cl. 8) to be given to:	25. ETA Notices for discharging (Cl. 8) to be given to:
26. Notice of Readiness for loading (state party(ies) for notices) (Cl. 9(a))	27. Notice of Readiness for discharging (state party(ies) for notices) (Cl. 9(a))
28. Owners' contact details for operational notices (Cl. 36)	29. Charterers' contact details for operational notices (Cl. 36)
30. Email address for receipt of arbitration notices and communications on behalf of Owners (Cl. 37)	31. Email address for receipt of arbitration notices and communications on behalf of Charterers (Cl. 37)
32. Law and Arbitration (choose law and arbitration venue. If alternative (g)(Other) is chosen, Clause 37 must be appropriately filled in or replaced, failing which alternative (a)(English law/London arbitration) shall apply) (Cl. 37).	
33. Additional clauses (state numbers, if agreed)	

It is mutually agreed that this Charter Party shall be performed in accordance with the terms and conditions contained in Part I, including additional clauses, if any agreed and stated in Box 33, as well as Part II. In the event of a conflict of terms and conditions, the provisions of Part I shall prevail over those of Part II to the extent of such conflict.

The party responsible for issuing the final execution version of this Charter Party warrants that it is an Authentic BIMCO Template procured from a properly authorised source and that all modifications to it are clearly visible. "Authentic BIMCO Template" means a BIMCO-approved standard contract in an editable electronic format.

Signature (Owners)	Signature (Charterers)

부록 2 항해용선계약서

(1)

HYDROCHARTER	Part I Voyage Charter Party. Recommended by The Baltic and International Maritime Council (BIMCO), Copenhagen. Issued 1st January 1923. Last amended July 1997.
1. Shipbroker.	2. Place and Date. Oslo, 21 june 2001
3. Owners. Shipowners, Ltd	4. Charterers. Charterers, Ltd
5. Vessel's name/type. Saratoga	6. Cargo carrying capacity (about in mtons).
7. Cubic capacity (grain/bale). / 8. Owners´ P&I Club.	9. Built – Class – Flag – GT – NT.
10. Present position. Rotterdam	11. ETA Loadport. Sunday 5 August 2001
12. Laytime not to commence before. Wednesay 1 August 2001	13. Cancelling date. Friday 10 August 2001
14. Sailing telex/telegram to sent to: when the vessel leaves her last port before loading.	
15. Loading Port(s). Porsgrunn, Norway	16. Discharging Port(s). Rotterdam
17. Cargo description – Quantity in mtons.	
18. Freight rate. per mton.	19. Freight payment (prepaid/payable on right and true delivery.)
20. Laytime for loading and discharging. Fill in a) and b) or for total laytime loading and discharging c)	
a) Laytime for loading. 20 h non reversible.	
b) Laytime for discharging. 15 h non reversible.	
c) Total laytime for loading and discharging. reversible.	21. Demurrage/despatch rate.
22. Brokerage.	% of the amount of freight and deadfreight shall be paid by the Owners to:
23. Agents at loading port(s).	24. Agents at discharging port(s).
25. Speciel Provisions:	
It is mutually agreed that this Contract shall be performed subject to the conditions contained in this Charter Party which shall include Part I as well as Part II. In the event of a conflict of conditions, the provisions of Part I shall prevail over those of Part II to the extent of such conflict.	
Signature (Owners).	Signature (Charterers).

(2)

1. Cargo Description
(a) FULL / PART Cargo of 52,000 Metric Tons (of 1,000 Kilograms) Crushed Limestone in bulk on a MIN/MAX basis, plus empty bags.

3. Laydays / Cancelling
(a) Loading is not to commence before the Seventh (7th) day of June 2025. Should Vessel not be passed by the National Cargo Bureau (NCB) and a USDA-licensed grain inspector as ready for cargo at her loading port before 12:00 noon on the Twentieth (20th) day of June 2025, followed by the presentation of said Surveyors' passes to Charterers or their Agents at their office before said hour, Charterers shall at said hour and at any time thereafter, but not later than the presentation of Vessel's notice of readiness together with the required certificates at said office, have the option of cancelling this Charter Party.
(b) If Owners fail to tender the Vessel within the Laydays, whether or not the option to cancel the Charter Party is exercised, the Owners are to be fully responsible for all charges attributable to the failure to tender and be accepted before the canceling date of the Charter, whether accruing to Charterer or to the United States Government as donor, including but not limited to the grain carrying charges covering interest, storage, insurance and fumigation, in which case it will be a condition of payment of freight that Owners submit as part of their documentation 'paid' invoices from the supplier for carrying charges or a certification from the supplier that carrying charges did not accrue. Ultimately, the USDA has the authority to deduct any carrying charges due from the ocean freight.
(c) If this Charter Party is cancelled by Owners or due to Owner's failure to perform or to tender the vessel and be accepted before the cancelling date and time, Owners will be responsible for any additional charges which result, including excess freight or reprocurement costs.

15. Notice of Readiness
(a) Notice of Vessel's readiness to load must be tendered and accepted at the office of Commodity Suppliers (loading facility's office) or their agents and at the office of the Charterers or their agents during regular business hours at or before 1600 hours on weekdays (holidays excepted), Monday through Friday, or at or before 1200 hours if on Saturday, Vessel having been entered at the custom house, accompanied by passes of the National Cargo Bureau and Grain Inspector's Certificate of Vessel's readiness in all compartments.
(b) Notice of Vessel's readiness to discharge must be tendered and accepted at the office of the Receivers or their agents between the hours of 0900 and 1600 hours local time on a business day (Monday through Friday, holidays excepted), or between the hours of 0900 and 1200 noon if on Saturday (provided not a holiday), Vessel having been entered at the custom house, accompanied by all necessary passes, and with any and all required lightering completed.

16. Demurrage / Dispatch Money
(a) Load Port(s):
Laytime accounts are to be settled directly between Owners and Commodity Supplier(s) at local port(s).
Demurrage, if incurred, is to be paid to Owners by Commodity Supplier(s) and is to be calculated at the rate of Fifteen Thousand Dollars and Zero Cents (USD 15,000.00), U.S. currency, per day or pro-rata for part of a day of all laytime lost in loading. Dispatch money to be paid by Owners to Commodity Supplier(s) at half the demurrage rate for all laytime saved at loading ports.
Demurrage to be paid at a rate of USD 20,000/HD if vessel loads at Ulsan Bulk Terminal, Korea.
Under no circumstances shall Charterers or CCC be responsible for resolving disputes involving the calculation of laytime or the payment of demurrage or dispatch between the Vessel Owners and the Commodity Supplier(s).
Any/all disputes between the Vessel Owner and the Commodity Supplier(s), arising out of this contract relating to the settlement of laytime issues shall be arbitrated in Seoul subject to the rules of the Korean Commercial Arbitration Board.

부록 3 정기용선계약서

Time Charter Party
Mokpo, 14.03.2025

IT IS THIS DAY AGREED between **Bluewave Shipping Company Limited**, of Republic of Korea (hereinafter referred to as "Owners"), being the owners of the good motor tanker vessel called **MT Ocean Jewel** (hereinafter referred to as "the Vessel") described as per Additional Clauses Number 1, hereof and **Nordic Fuels Logistics GmbH & Co. KG** of Hamburg, Germany (hereinafter referred to as "Charterers"):

1. At the date of delivery of the vessel under this charter

(a) she shall be classed: *(See additional clause 1)*

(b) she shall be in every way fit to carry crude petroleum and/or its clean and dirty products: always in accordance with vessel's class certificates, coating manufacturers resistance lists and the vessel's trim, stability and stress requirements, maximum 3 grades (within the vessel's natural segregation limits), including acceptable additives, bitumens, chemicals - IWSR permitted only If compatible with coating manufacturers resistance list. Charterers not to re-deliver the vessel with last cargo aromatics, CBFs or LSVs.

(c) she shall be tight, staunch, strong, in good order and condition, and in every way fit for the service with her machinery, boilers, hull and other equipment (including but not limited the hull stress calculator and radar) in a good and efficient state;

(d) her tanks, valves and pipelines should be oil-tight;

Laydays / Cancelling

5. The vessel shall not be delivered to Charterers before April 2025 - May 2025 to be narrowed (See also Rider Clause 37) and Charterers shall have the option of cancelling this charter if the vessel is not ready and at their disposal on or before that date.

Rate of Hire

8. Subject as herein provided, Charterers shall pay for the use and hire of the vessel **at the rate of USD 27,000 per day,** and pro rata for any part of a day, from the time and date of her delivery UTC (local time) until the time and date of her redelivery (local time) to Owners.

Payment of Hire

9. Subject to Clause 3 (iii), payment of hire shall be in immediately available funds to: in US$ to Owners' designated bank:
Busan Commercial Bank, Seoul - Korea
Account no.: Credit a/c of: Bluewave Shipping Company Limited
Account Identifier: OCEANJWL - USD1
IBAN: KR26BCBK001230045689000l234
SWIFT: BCBKKRSE

부록 4 하역서류

화물서류 - 01

MATES RECEIPT

MATES RECEIPT

COPY NOT-NEGOTIABLE

No. 12607 Mokpo, Korea, 7/06/25

RECEIVED THIS DAY IN APPARENT GOOD ORDER AND CONDITION,
ABOARD THE VESSEL: M/V T/S MMU

MOKPO MARITIME CORP.

OPERATING
MOKPO PORT TERMINAL NO.1
BUKHANG, MOKPO CITY, KOREA

From
MOKPO MARITIME CORP.

FOR THE ACCOUNT OF

________________________ U.S. NO.2 OR BETTER WHEAT
bushels of said to weigh 50,000 metric tons

Stowage: HOLD NOS. 1, 2, 3, 4, 5

L.S. L.S.

QUALITY & QUANTITY UNKNOWN

화물서류 - 02

Stowage Plan -01

M.V. :Sea gull Voyage No. : 25_01

Loaded at : Santos & Rio
For : Japan

Draft Fore : 6.4m
AFT : 7.2m

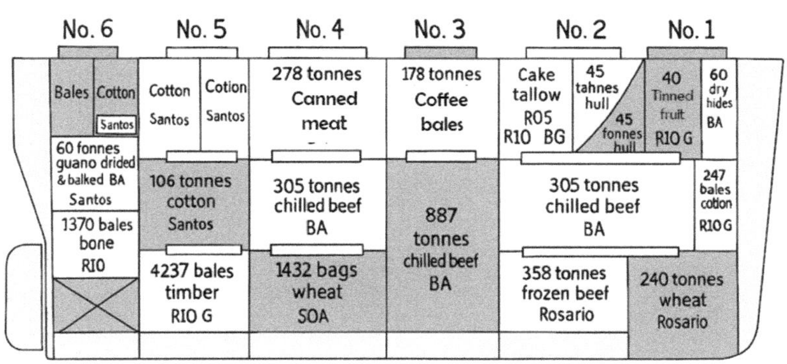

화물서류 - 03

12	10	08	06	04	02	01	03	05	07	09	11	
												80
												78
L	L	L	L	F	F	F	F	L	L	L	L	76
L	L	L	L	F	F	F	F	L	L	L	L	74
L	L	L	L	F	F	F	F	L	L	L	L	72

12	10	08	06	04	02	01	03	05	07	09	11	
	H	H	H	R	R	R	R	H	H	H		12
	H	H	H	R	R	R	R	H	H	H		10
	H	H	H	R	R	R	R	H	H	H		08
	H	H	H	R	R	R	R	H	H	H		06
		F	F	F	F	F	F	F	F			04
			A	A	A	A	A	A				02
			A	A	A	A	A	A				

화물서류 - 04

12	10	08	06	04	02	01	03	05	07	09	11	
												80
												78
L	L	L	L	F	F	F	F	L	L	L	L	76
L	L	L	L	F	F	F	F	L	L	L	L	74
L	L	L	L	F	F	F	F	L	L	L	L	72

12	10	08	06	04	02	01	03	05	07	09	11	
	H	H	H	R	R	R	R	H	H	H		12
	H	H	H	R	R	R	R	H	H	H		10
	H	H	H	R	R	R	R	H	H	H		08
	H	H	H	R	R	R	R	H	H	H		06
		F	F	F	F	F	F	F	F			04
			A	A	A	A	A	A				02
			A	A	A	A	A	A				

부록 5 Stowage Factor

cbft/mt(1 cbm = 35.31 cbft)

화물명 (EN)	화물명 (KR)	Stowage Factor (cbft/ton) Bulk / Bagged
Aluminium Ingots	알루미늄 주괴	31
Ammonium Nitrate Fertilizer	질산암모늄 비료	30-35 / 44-50
Anthracite	무연탄	40-47
Barley	보리	53-56 / 58-60
Beans	콩	50-55 / 55-60
Bentonite	벤토나이트	40
Cement	시멘트	22-27 / 23-28
Charcoal	숯	95
Coal	석탄	38-50
Coffee	커피	60-70
Corn (Maize)	옥수수	47-52 / 52-56
Cotton	목화	60-130
Fish Meal	어분	47 / 71
Flax	아마	100-155
Gypsum	석고	27-40 / 40-45
Hemp	삼	90-110
Iron Ore	철광석	19
Lentils	렌틸콩	50-55 / 55-60
Limestone	석회석	24-30
Maize	옥수수	47-52 / 52-56
Milorganite	밀오가나이트 (슬러지 비료)	54
Oats Unclipped	껍질 벗기지 않은 귀리	71-77 / 83-85
Peanuts	땅콩	116
Rice - White (Polished)	백미	50-52
Salt	소금	30-40
Sugar	설탕	40-43 / 48-53
Sunflowerseed	해바라기씨	85-90
Tapioca Chips	타피오카 칩	70-75 / 85
Tea (in chests)	차 (상자)	70-150
Tobacco (in cases)	담배 (케이스)	120-140
Wheat	밀	44-49 / 47-52
Woodchips	우드칩	99

부록 6 1차 모멘트

1차 면적 모멘트(First Moment of Area)

1차 면적 모멘트는 어떤 축에 대한 면적과 그 축까지의 거리의 곱을 적분한 값으로, 면적의 분포를 나타낸다.

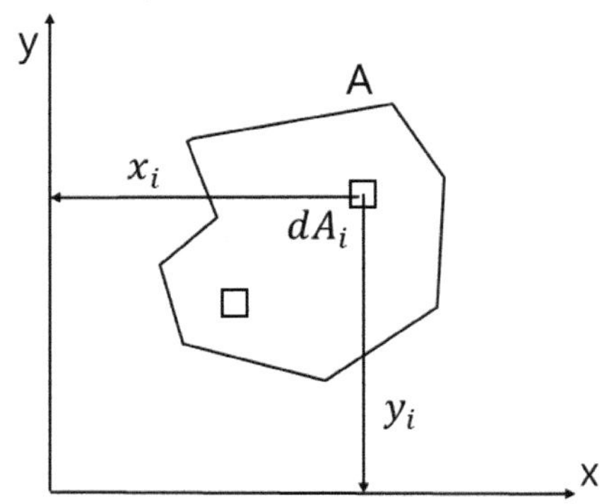

어떤 도형의 면적 A가 있고, 이를 x축에 대해 1차 모멘트를 구한다고 할 때 아래와 같이 표현할수 있다.

$$Q_x = \int_A y dA$$

마찬가지로, y축에 대한 1차 모멘트는:

$$Q_y = \int_A x dA$$

과 같이 정의할 수 있다.

1차 모멘트를 이용하여 면적이나, 무게, 힘의 중심을 구할수 있다. 즉, 면적의 중심(도심, centroid)은 다음과 같이 계산할 수 있다.

$$\bar{x} = \frac{1}{A}\int_A x dA = \frac{Q_y}{A},\ \bar{y} = \frac{1}{A}\int_A y dA = \frac{Q_x}{A}$$

각종 면적, 힘, 무게의 중심위치는 1차모멘트를 총면적, 총힘, 총 무게로 나누면 구할 수 있다. 즉,

$$\text{중심위치} = \frac{\text{1차모멘트}}{\text{전체면적}}$$

부록 7 2차 모멘트

2차 면적 모멘트(First Moment of Area)

1차 모멘트가 선박의 도심, 무게 중심 등을 계산하는 사용되는 반하여 2차 모멘트 즉 관성 모멘트는 BM, 선박 복원성에 영향을 주는 “유동수 영향” 등 다양한 선박 복원성 운동성에 관련된 계산에 필수적으로 사용된다. 2차 면적 모멘트는 면적과 축까지 거리의 제곱을 곱해 적분한 값을 의미하며, 관성모멘트(Moment of Inertia)라고 불리고, 선박의 회전 운동의 특성에 관여하는 물리적 성질이다. 통상 관성(Inertia)의 첫 글자를 사용하여 I로 표현된다.

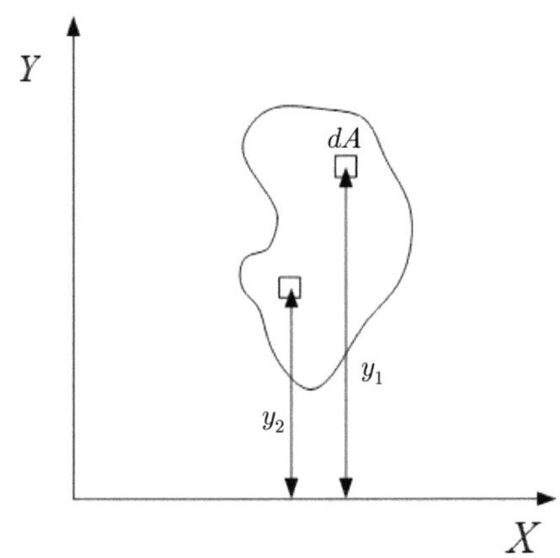

x축에 대한 2차 모멘트 I_{xx} 는 다음과 같이 정의한다.

$$I_{xx} = \int_A y^2 dA$$

즉 전체 미소면적 dA에 대하여 X축에서 떨어진 만큼 거리 y의 제곱을 곱하여 합하는 개념이다.

X축에 대한 2차 모멘트 I_{yy} 는 다음과 같이 정의한다.

$$I_{yy} = \int_A x^2 dA$$

즉 전체 미소면적 dAdA에 대하여 Y축에서 떨어진 만큼 거리 x의 제곱을 곱하여 합하는 개념이다.

2차 모멘트는 1차 모멘트와 마찬가지로 기준이 되는 축에 대한 모멘트를 구한다.

다양한 도형에 면적중심(도심:C) 및 2차모멘트를 구하면 아래와 같다.

도형별 도심 위치

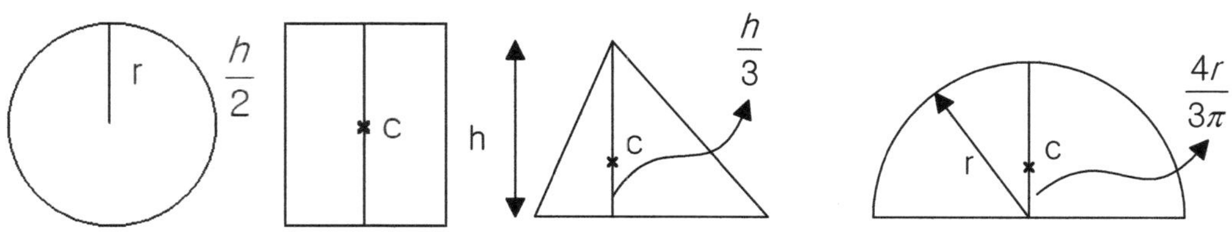

2차 모멘트

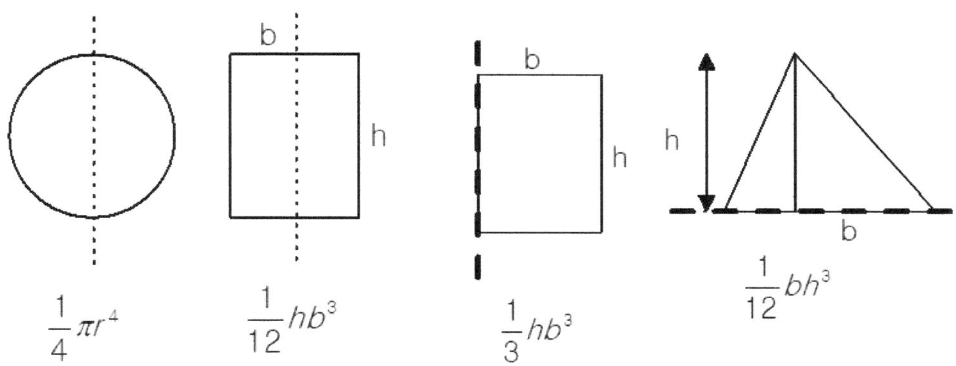

부록 8 새누리호 GZ곡선

새누리호 GZ 곡선 및 복원성 규정 검사결과

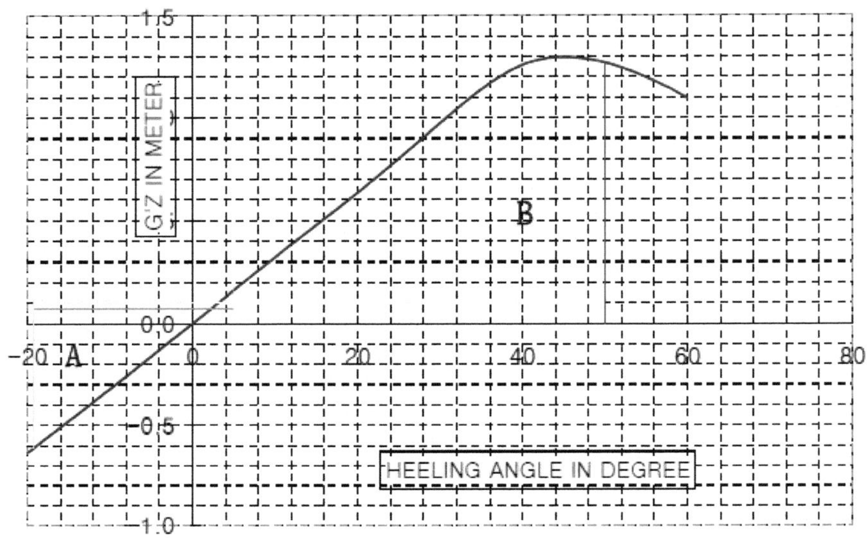

* STABILITY CRITERIA ACCORDING TO IMO RES.A167	ACTUAL	CRITERIA
AREA UNDER CURVE UP TO 30°	0.206 M-RAD	0.055 M-RAD
AREA UNDER CURVE UP TO 40° OR θf, WHICHEVER IS LESS	0.367 M-RAD	0.090 M-RAD
AREA BETWEEN 30° AND 40° OR θf, WHICHEVER IS LESS	0.161 M-RAD	0.030 M-RAD
G'Z AT ANGLE OF HEEL EQUAL TO OR GREATER THAN 30°	1.30 M	0.20 M
THE ANGLE AT WHICH THE MAX. G'Z OCCURS	45.0 °	25.0 °
THE INITIAL METACENTRIC HEIGHT (G'M)	1.55 M	0.15 M
FLOODING ANGLE(θf) >= 40 ° THEREFORE 40.0 ° IS ADOPTED		

* STABILITY CRITERIA ACCORDING TO IMO RES.A.562	
AREA	B = 0.568 M-RAD 〉 A = 0.143 M-RAD
ANGLE OF HEEL UNDER ACTION OF STEADY WIND	θo = 2.59 ° 〈 11.42 ° : (16。 OR 80% OF DECK EDGE IMMERSION ANGLE, WHICHEVER IS LESS.) (θd = 14.28 °)
NOTE : θ2 = 50.00 ° (50° OR θc OR θf, WHICHEVER IS LESS)	

부록 9 새누리호 Hydrostatic Table

(14 SHEETS WITH A COVER)

완 성 도	감 리	감 독 관
목 포 해 양 대 학 교		

SEC.NO.	SHIP DESIGN DEP' T	총톤수 4,700톤급 실습선	
CE32	COORDINATION DESIGN SECTION		
TEL.NO. 0168	SHIP NO. P 0 9 8	SHIP NAME	새 누 리
DATE 2003. 03. 20.	APPROVED 박 상 철 CHECK 조 성 만 DRAWN 정 일 행	NAME OF DRAWING	HYDROSTATIC TABLE
△HYUNDAI HEAVY INDUSTRIES CO.,LTD. ULSAN SHIPYARD KOREA SPECIAL & NAVAL SHIPBUILDING DIVISION		SCALE NONE	DRAWING NO. 2G - 7000 - 005 - 00
		CONSOLIDATED NO.	C - 5 (D.M / C.M)

DRAFT (EXT.)	: Draft from bottom of keel in meter
DISPL.	: Displacement with shell and appendages in metric ton
MOULD VOL.	: Displacement of naked body in cubic meter i.e. displacement(M^3) without shell and appendages
T.P.C	: Ton per one centimeter immersion in metric ton per centimeter (MT/CM)
M.T.C	: Moment to change trim one centimeter in metric ton-meter(MT-M)
L.C.B	: Longitudinal center of buoyancy from midship in meter
L.C.F	: Longitudinal center of flotation from midship in meter
KB	: Vertical center of buoyancy above base line in meter
KMT	: Transverse metacentric height above base line in meter
KML	: Longitudinal metacentric height above base line in meter
I.T	: Moment of inert. transverse
W.P.A	: Water plane area
WETTED SURFACE	: Wetted surface area under water line in meter(M^2)
Cb	: Block coefficient
Cp	: Prismatic coefficient
Cw	: Water plane area coefficient
Cm	: Midship sectional area coefficient
T	: Metric ton
M	: Meter
CM	: Centimeter
TM	: T×M

Notes

1) As for L.C.B and L.C.F, "–" (Minus sign) means "After midship"

2) Specific gravity of sea water is assumed to be 1.025

LOA 103.00 M

LBP 94.0 M

Breadth(Moulded) : 15.6 M

Depth (Moulded) – main deck 7.3 M

Draft (design) 5.4 M

Dispalcement (design) 4600 ton

HYDROSTATIC PARTICULARS IN SALT WATER(S.G. = 1.0250)

DRAFT EXT. (M)	DISPL. (TON)	MOULD VOL. (M3)	T.P.C (T/CM)	M.T.C (TM)	L.C.B FR MID. (M)	L.C.F FR MID. (M)	K.B (M)	K.M.T (M)
4.76	3875.	3750.	10.93	50.8	0.872	-1.679	2.686	7.449
4.78	3897.	3771.	10.96	51.2	0.856	-1.752	2.698	7.454
4.80	3919.	3793.	10.99	51.5	0.841	-1.825	2.710	7.459
4.82	3941.	3814.	11.02	51.9	0.825	-1.897	2.722	7.464
4.84	3963.	3836.	11.05	52.2	0.810	-1.969	2.733	7.469
4.86	3985.	3857.	11.08	52.5	0.794	-2.040	2.745	7.473
4.88	4007.	3879.	11.11	52.9	0.779	-2.111	2.756	7.478
4.90	4029.	3900.	11.14	53.2	0.765	-2.182	2.768	7.483
4.92	4051.	3921.	11.17	53.6	0.750	-2.252	2.779	7.488
4.94	4073.	3943.	11.20	53.9	0.735	-2.322	2.790	7.492
4.96	4095.	3964.	11.23	54.3	0.721	-2.392	2.801	7.497
4.98	4118.	3986.	11.26	54.7	0.703	-2.467	2.813	7.502
5.00	4141.	4009.	11.30	55.1	0.683	-2.545	2.825	7.507
5.02	4164.	4031.	11.33	55.6	0.663	-2.623	2.838	7.511
5.04	4187.	4053.	11.36	56.0	0.643	-2.700	2.850	7.516
5.06	4210.	4075.	11.39	56.4	0.623	-2.776	2.862	7.521
5.08	4233.	4098.	11.43	56.9	0.604	-2.853	2.874	7.526
5.10	4256.	4120.	11.46	57.3	0.585	-2.928	2.886	7.531
5.12	4278.	4142.	11.49	57.7	0.566	-3.004	2.898	7.535
5.14	4301.	4164.	11.52	58.2	0.548	-3.079	2.910	7.540
5.16	4324.	4187.	11.55	58.6	0.529	-3.153	2.921	7.544
5.18	4347.	4209.	11.59	59.0	0.511	-3.227	2.933	7.549
5.20	4370.	4231.	11.62	59.4	0.493	-3.301	2.944	7.553
5.22	4393.	4254.	11.65	59.9	0.475	-3.374	2.955	7.558
5.24	4416.	4276.	11.68	60.3	0.457	-3.447	2.966	7.562
5.26	4440.	4299.	11.72	60.8	0.434	-3.524	2.979	7.566
5.28	4464.	4322.	11.75	61.3	0.411	-3.601	2.992	7.570
5.30	4487.	4345.	11.78	61.7	0.387	-3.678	3.004	7.574
5.32	4511.	4368.	11.81	62.2	0.364	-3.754	3.017	7.577
5.34	4535.	4391.	11.85	62.7	0.342	-3.830	3.029	7.581
5.36	4559.	4415.	11.88	63.2	0.319	-3.906	3.041	7.585
5.38	4583.	4438.	11.91	63.7	0.297	-3.981	3.053	7.588
5.40	4606.	4461.	11.94	64.1	0.275	-4.056	3.065	7.592
5.42	4630.	4484.	11.98	64.6	0.253	-4.130	3.077	7.595
5.44	4654.	4507.	12.01	65.1	0.232	-4.204	3.089	7.599
5.46	4678.	4530.	12.04	65.6	0.211	-4.277	3.100	7.602
5.48	4702.	4553.	12.07	66.0	0.189	-4.350	3.112	7.606
5.50	4725.	4577.	12.11	66.5	0.169	-4.423	3.123	7.609
5.52	4749.	4600.	12.14	67.0	0.147	-4.495	3.135	7.612
5.54	4774.	4624.	12.17	67.5	0.121	-4.567	3.148	7.616
5.56	4799.	4648.	12.20	68.0	0.094	-4.639	3.160	7.619
5.58	4824.	4672.	12.23	68.5	0.069	-4.710	3.173	7.623
5.60	4848.	4696.	12.26	69.0	0.043	-4.781	3.186	7.626
5.62	4873.	4720.	12.30	69.5	0.018	-4.852	3.198	7.629
5.64	4898.	4744.	12.33	70.0	-0.008	-4.922	3.210	7.633

HYDROSTATIC PARTICULARS IN SALT WATER(S.G. = 1.0250)

DRAFT EXT. (M)	K.M.L (M)	IT (M4)	WP AREA (M2)	WETTED SURFACE (M2)	BLOCK COEFF. CB	PRISM. COEFF. CP	WP-A COEFF. CW	MID. COEFF. CM
4.76	125.94	18004.	1066.5	1598.5	0.5392	0.5889	0.7238	0.9155
4.78	126.10	18079.	1069.4	1604.4	0.5400	0.5896	0.7258	0.9159
4.80	126.25	18155.	1072.4	1610.2	0.5408	0.5902	0.7279	0.9162
4.82	126.40	18231.	1075.3	1616.1	0.5416	0.5909	0.7299	0.9166
4.84	126.55	18307.	1078.2	1622.0	0.5423	0.5915	0.7319	0.9169
4.86	126.70	18383.	1081.2	1627.9	0.5431	0.5921	0.7340	0.9173
4.88	126.84	18459.	1084.1	1633.8	0.5439	0.5927	0.7360	0.9176
4.90	126.99	18535.	1087.0	1639.7	0.5447	0.5933	0.7381	0.9179
4.92	127.13	18611.	1090.0	1645.5	0.5454	0.5940	0.7401	0.9183
4.94	127.27	18687.	1092.9	1651.4	0.5462	0.5946	0.7421	0.9186
4.96	127.41	18763.	1095.8	1657.3	0.5469	0.5952	0.7442	0.9189
4.98	127.66	18838.	1098.9	1663.3	0.5477	0.5958	0.7463	0.9193
5.00	127.96	18912.	1102.1	1669.3	0.5486	0.5966	0.7485	0.9196
5.02	128.26	18986.	1105.2	1675.3	0.5494	0.5973	0.7506	0.9199
5.04	128.56	19060.	1108.4	1681.3	0.5503	0.5980	0.7528	0.9202
5.06	128.85	19134.	1111.5	1687.4	0.5511	0.5987	0.7550	0.9205
5.08	129.14	19208.	1114.7	1693.4	0.5519	0.5994	0.7572	0.9209
5.10	129.43	19282.	1117.8	1699.4	0.5527	0.6000	0.7593	0.9212
5.12	129.71	19356.	1121.0	1705.4	0.5535	0.6007	0.7615	0.9215
5.14	129.99	19430.	1124.2	1711.4	0.5544	0.6014	0.7637	0.9218
5.16	130.27	19504.	1127.3	1717.4	0.5551	0.6021	0.7659	0.9221
5.18	130.54	19578.	1130.5	1723.5	0.5559	0.6027	0.7680	0.9224
5.20	130.81	19652.	1133.6	1729.5	0.5567	0.6034	0.7702	0.9227
5.22	131.08	19726.	1136.8	1735.5	0.5575	0.6040	0.7724	0.9230
5.24	131.35	19800.	1139.9	1741.5	0.5583	0.6047	0.7746	0.9233
5.26	131.68	19869.	1143.1	1747.6	0.5591	0.6054	0.7767	0.9236
5.28	132.01	19936.	1146.3	1753.7	0.5600	0.6062	0.7789	0.9239
5.30	132.34	20004.	1149.4	1759.8	0.5609	0.6069	0.7810	0.9242
5.32	132.67	20072.	1152.6	1765.9	0.5618	0.6077	0.7831	0.9244
5.34	132.99	20139.	1155.8	1772.0	0.5626	0.6084	0.7853	0.9247
5.36	133.31	20207.	1158.9	1778.1	0.5635	0.6091	0.7874	0.9250
5.38	133.62	20275.	1162.1	1784.2	0.5643	0.6099	0.7896	0.9253
5.40	133.94	20342.	1165.3	1790.3	0.5651	0.6106	0.7917	0.9256
5.42	134.25	20410.	1168.4	1796.4	0.5660	0.6113	0.7939	0.9258
5.44	134.55	20478.	1171.6	1802.5	0.5668	0.6120	0.7960	0.9261
5.46	134.85	20545.	1174.8	1808.6	0.5676	0.6127	0.7982	0.9264
5.48	135.15	20613.	1177.9	1814.7	0.5684	0.6134	0.8003	0.9267
5.50	135.45	20681.	1181.1	1820.8	0.5692	0.6141	0.8025	0.9269
5.52	135.75	20748.	1184.2	1826.9	0.5700	0.6148	0.8046	0.9272
5.54	136.06	20812.	1187.3	1832.9	0.5709	0.6156	0.8067	0.9274
5.56	136.37	20875.	1190.4	1839.0	0.5718	0.6164	0.8088	0.9277
5.58	136.68	20939.	1193.4	1845.1	0.5727	0.6172	0.8109	0.9280
5.60	136.98	21003.	1196.5	1851.2	0.5736	0.6179	0.8130	0.9282
5.62	137.28	21066.	1199.5	1857.3	0.5745	0.6187	0.8150	0.9285
5.64	137.58	21130.	1202.6	1863.3	0.5753	0.6195	0.8171	0.9287

HYDROSTATIC PARTICULARS IN SALT WATER(S.G. = 1.0250)

DRAFT EXT.	DISPL.	MOULD VOL.	T.P.C	M.T.C	L.C.B FR MID.	L.C.F FR MID.	K.B	K.M.T
(M)	(TON)	(M3)	(T/CM)	(TM)	(M)	(M)	(M)	(M)
5.64	4898.	4744.	12.33	70.0	-0.008	-4.922	3.210	7.633
5.66	4922.	4768.	12.36	70.5	-0.032	-4.992	3.223	7.636
5.68	4947.	4792.	12.39	71.0	-0.057	-5.062	3.235	7.639
5.70	4972.	4816.	12.42	71.5	-0.081	-5.131	3.247	7.642
5.72	4996.	4840.	12.45	72.0	-0.106	-5.200	3.258	7.645
5.74	5021.	4864.	12.48	72.5	-0.129	-5.268	3.270	7.649
5.76	5046.	4888.	12.52	73.0	-0.153	-5.336	3.282	7.652
5.78	5070.	4912.	12.55	73.5	-0.176	-5.404	3.293	7.655
5.80	5095.	4936.	12.58	74.0	-0.202	-5.465	3.305	7.658
5.82	5121.	4961.	12.60	74.4	-0.230	-5.517	3.318	7.661
5.84	5147.	4986.	12.63	74.9	-0.258	-5.568	3.331	7.665
5.86	5172.	5011.	12.65	75.3	-0.285	-5.619	3.344	7.668
5.88	5198.	5035.	12.68	75.7	-0.312	-5.669	3.356	7.672
5.90	5223.	5060.	12.71	76.2	-0.339	-5.720	3.369	7.675
5.92	5249.	5085.	12.73	76.6	-0.366	-5.770	3.381	7.678
5.94	5274.	5110.	12.76	77.0	-0.393	-5.820	3.394	7.682
5.96	5300.	5135.	12.79	77.5	-0.419	-5.870	3.406	7.685
5.98	5325.	5159.	12.81	77.9	-0.445	-5.919	3.418	7.688
6.00	5351.	5184.	12.84	78.4	-0.471	-5.969	3.430	7.691
6.02	5376.	5209.	12.87	78.8	-0.496	-6.018	3.441	7.694
6.04	5402.	5234.	12.89	79.2	-0.521	-6.067	3.453	7.697
6.06	5427.	5259.	12.92	79.7	-0.546	-6.116	3.465	7.701
6.08	5453.	5284.	12.94	80.0	-0.573	-6.142	3.477	7.703
6.10	5479.	5309.	12.95	80.2	-0.600	-6.155	3.490	7.706
6.12	5505.	5335.	12.97	80.5	-0.626	-6.169	3.503	7.708
6.14	5531.	5360.	12.98	80.7	-0.653	-6.182	3.515	7.710
6.16	5557.	5385.	13.00	81.0	-0.679	-6.196	3.528	7.712
6.18	5584.	5411.	13.02	81.3	-0.705	-6.209	3.540	7.715
6.20	5610.	5436.	13.03	81.5	-0.731	-6.222	3.553	7.717
6.22	5636.	5462.	13.05	81.8	-0.756	-6.235	3.565	7.719
6.24	5662.	5487.	13.06	82.0	-0.782	-6.249	3.577	7.721
6.26	5688.	5512.	13.08	82.3	-0.807	-6.262	3.589	7.724
6.28	5714.	5538.	13.10	82.5	-0.832	-6.275	3.601	7.726
6.30	5740.	5563.	13.11	82.8	-0.856	-6.288	3.613	7.728
6.32	5766.	5588.	13.13	83.0	-0.881	-6.301	3.624	7.730
6.34	5792.	5614.	13.14	83.3	-0.905	-6.314	3.636	7.732
6.36	5819.	5640.	13.16	83.5	-0.929	-6.316	3.649	7.734
6.38	5845.	5665.	13.17	83.7	-0.954	-6.316	3.661	7.735
6.40	5872.	5691.	13.18	83.9	-0.978	-6.315	3.674	7.737
6.42	5898.	5717.	13.19	84.1	-1.002	-6.315	3.686	7.738
6.44	5924.	5743.	13.21	84.3	-1.026	-6.315	3.699	7.739
6.46	5951.	5768.	13.22	84.5	-1.049	-6.315	3.711	7.741
6.48	5977.	5794.	13.23	84.7	-1.073	-6.315	3.723	7.742
6.50	6004.	5820.	13.24	84.9	-1.096	-6.315	3.735	7.744
6.52	6030.	5846.	13.25	85.1	-1.119	-6.315	3.747	7.745

HYDROSTATIC PARTICULARS IN SALT WATER(S.G. = 1.0250)

DRAFT EXT. (M)	K.M.L (M)	IT (M4)	WP AREA (M2)	WETTED SURFACE (M2)	BLOCK COEFF. CB	PRISM. COEFF. CP	WP-A COEFF. CW	MID. COEFF. CM
5.64	137.58	21130.	1202.6	1863.3	0.5753	0.6195	0.8171	0.9287
5.66	137.87	21194.	1205.7	1869.4	0.5762	0.6202	0.8192	0.9290
5.68	138.16	21257.	1208.7	1875.5	0.5770	0.6210	0.8213	0.9292
5.70	138.45	21321.	1211.8	1881.6	0.5779	0.6217	0.8234	0.9295
5.72	138.74	21385.	1214.9	1887.7	0.5787	0.6225	0.8255	0.9297
5.74	139.02	21448.	1217.9	1893.7	0.5796	0.6232	0.8276	0.9300
5.76	139.30	21512.	1221.0	1899.8	0.5804	0.6239	0.8297	0.9302
5.78	139.58	21576.	1224.0	1905.9	0.5812	0.6247	0.8318	0.9305
5.80	139.80	21638.	1226.9	1911.8	0.5821	0.6254	0.8337	0.9307
5.82	139.93	21699.	1229.5	1917.5	0.5830	0.6262	0.8355	0.9309
5.84	140.06	21760.	1232.0	1923.1	0.5839	0.6270	0.8373	0.9312
5.86	140.19	21821.	1234.6	1928.7	0.5848	0.6279	0.8391	0.9314
5.88	140.33	21881.	1237.2	1934.4	0.5857	0.6287	0.8409	0.9317
5.90	140.45	21942.	1239.7	1940.0	0.5866	0.6294	0.8426	0.9319
5.92	140.58	22003.	1242.3	1945.7	0.5874	0.6302	0.8444	0.9321
5.94	140.71	22064.	1244.9	1951.3	0.5883	0.6310	0.8462	0.9323
5.96	140.83	22124.	1247.4	1957.0	0.5892	0.6318	0.8480	0.9326
5.98	140.96	22185.	1250.0	1962.6	0.5901	0.6326	0.8498	0.9328
6.00	141.08	22246.	1252.6	1968.2	0.5909	0.6333	0.8515	0.9330
6.02	141.20	22307.	1255.1	1973.9	0.5918	0.6341	0.8533	0.9333
6.04	141.32	22368.	1257.7	1979.5	0.5926	0.6348	0.8551	0.9335
6.06	141.44	22428.	1260.3	1985.2	0.5934	0.6356	0.8569	0.9337
6.08	141.35	22483.	1262.2	1990.2	0.5943	0.6364	0.8582	0.9339
6.10	141.15	22534.	1263.7	1994.9	0.5952	0.6372	0.8593	0.9341
6.12	140.94	22585.	1265.3	1999.6	0.5961	0.6380	0.8604	0.9343
6.14	140.74	22637.	1266.8	2004.2	0.5970	0.6388	0.8614	0.9346
6.16	140.54	22688.	1268.4	2008.9	0.5978	0.6396	0.8625	0.9348
6.18	140.34	22739.	1269.9	2013.6	0.5987	0.6403	0.8636	0.9350
6.20	140.14	22790.	1271.5	2018.3	0.5996	0.6411	0.8646	0.9352
6.22	139.95	22841.	1273.0	2023.0	0.6004	0.6419	0.8657	0.9354
6.24	139.76	22892.	1274.5	2027.6	0.6013	0.6427	0.8668	0.9356
6.26	139.57	22944.	1276.1	2032.3	0.6021	0.6434	0.8678	0.9358
6.28	139.38	22995.	1277.6	2037.0	0.6030	0.6442	0.8689	0.9360
6.30	139.19	23046.	1279.2	2041.7	0.6038	0.6449	0.8700	0.9362
6.32	139.00	23097.	1280.7	2046.4	0.6046	0.6457	0.8710	0.9364
6.34	138.82	23148.	1282.3	2051.0	0.6055	0.6464	0.8721	0.9366
6.36	138.56	23191.	1283.5	2055.5	0.6063	0.6472	0.8730	0.9368
6.38	138.29	23232.	1284.7	2059.9	0.6072	0.6480	0.8738	0.9370
6.40	138.02	23273.	1285.9	2064.3	0.6080	0.6487	0.8746	0.9372
6.42	137.76	23314.	1287.1	2068.7	0.6089	0.6495	0.8755	0.9374
6.44	137.50	23355.	1288.3	2073.1	0.6097	0.6503	0.8763	0.9376
6.46	137.24	23396.	1289.5	2077.5	0.6105	0.6510	0.8771	0.9378
6.48	136.98	23437.	1290.7	2081.9	0.6114	0.6518	0.8779	0.9380
6.50	136.73	23478.	1291.9	2086.3	0.6122	0.6525	0.8788	0.9382
6.52	136.48	23520.	1293.1	2090.7	0.6130	0.6533	0.8796	0.9384

HYDROSTATIC PARTICULARS IN SALT WATER(S.G. = 1.0250)

DRAFT EXT. (M)	DISPL. (TON)	MOULD VOL. (M3)	T.P.C (T/CM)	M.T.C (TM)	L.C.B FR MID. (M)	L.C.F FR MID. (M)	K.B (M)	K.M.T (M)
6.52	6030.	5846.	13.25	85.1	-1.119	-6.315	3.747	7.745
6.54	6057.	5871.	13.27	85.4	-1.142	-6.315	3.759	7.746
6.56	6083.	5897.	13.28	85.6	-1.164	-6.315	3.771	7.748
6.58	6110.	5923.	13.29	85.8	-1.187	-6.315	3.783	7.749
6.60	6136.	5949.	13.30	86.0	-1.209	-6.315	3.794	7.750
6.62	6163.	5974.	13.32	86.2	-1.231	-6.314	3.806	7.752
6.64	6189.	6000.	13.33	86.4	-1.252	-6.307	3.819	7.753
6.66	6216.	6026.	13.34	86.5	-1.274	-6.300	3.831	7.754
6.68	6243.	6053.	13.35	86.7	-1.296	-6.293	3.844	7.756
6.70	6270.	6079.	13.36	86.9	-1.317	-6.285	3.856	7.757
6.72	6297.	6105.	13.37	87.1	-1.338	-6.278	3.868	7.758
6.74	6323.	6131.	13.38	87.3	-1.359	-6.271	3.880	7.759
6.76	6350.	6157.	13.39	87.5	-1.379	-6.264	3.892	7.761
6.78	6377.	6183.	13.40	87.6	-1.400	-6.257	3.904	7.762
6.80	6404.	6209.	13.41	87.8	-1.420	-6.250	3.916	7.763
6.82	6430.	6235.	13.42	88.0	-1.441	-6.243	3.928	7.764
6.84	6457.	6261.	13.43	88.2	-1.461	-6.236	3.940	7.765
6.86	6484.	6287.	13.44	88.4	-1.480	-6.229	3.951	7.766
6.88	6511.	6313.	13.45	88.6	-1.500	-6.221	3.963	7.768
6.90	6538.	6339.	13.47	88.8	-1.520	-6.218	3.974	7.769

HYDROSTATIC PARTICULARS IN SALT WATER(S.G. = 1.0250)

DRAFT EXT. (M)	K.M.L (M)	IT (M4)	WP AREA (M2)	WETTED SURFACE (M2)	BLOCK COEFF. CB	PRISM. COEFF. CP	WP-A COEFF. CW	MID. COEFF. CM
6.52	136.48	23520.	1293.1	2090.7	0.6130	0.6533	0.8796	0.9384
6.54	136.23	23561.	1294.3	2095.1	0.6138	0.6540	0.8804	0.9386
6.56	135.98	23602.	1295.5	2099.5	0.6146	0.6547	0.8812	0.9388
6.58	135.73	23643.	1296.7	2103.9	0.6154	0.6554	0.8821	0.9389
6.60	135.49	23684.	1297.9	2108.3	0.6162	0.6562	0.8829	0.9391
6.62	135.24	23724.	1299.1	2112.7	0.6170	0.6569	0.8837	0.9393
6.64	134.97	23759.	1300.1	2117.0	0.6178	0.6576	0.8844	0.9395
6.66	134.69	23793.	1301.2	2121.3	0.6187	0.6584	0.8851	0.9397
6.68	134.42	23827.	1302.2	2125.6	0.6195	0.6591	0.8858	0.9399
6.70	134.15	23861.	1303.3	2129.9	0.6203	0.6598	0.8865	0.9400
6.72	133.89	23896.	1304.3	2134.2	0.6211	0.6606	0.8872	0.9402
6.74	133.62	23930.	1305.3	2138.5	0.6219	0.6613	0.8880	0.9404
6.76	133.36	23964.	1306.4	2142.8	0.6227	0.6620	0.8887	0.9406
6.78	133.10	23998.	1307.4	2147.1	0.6234	0.6627	0.8894	0.9408
6.80	132.84	24033.	1308.4	2151.3	0.6242	0.6634	0.8901	0.9409
6.82	132.58	24067.	1309.5	2155.6	0.6250	0.6641	0.8908	0.9411
6.84	132.33	24101.	1310.5	2159.9	0.6258	0.6648	0.8915	0.9413
6.86	132.08	24135.	1311.5	2164.2	0.6265	0.6655	0.8922	0.9414
6.88	131.83	24170.	1312.6	2168.5	0.6273	0.6662	0.8929	0.9416
6.90	131.61	24204.	1313.7	2172.9	0.6281	0.6669	0.8937	0.9418

부록 10 IMO 복원성 규정

IMO 복원성 규정 IS 2008 code

RESOLUTION MSC.267(85)
(adopted on 4 December 2008)

ADOPTION OF THE INTERNATIONAL CODE ON INTACT STABILITY, 2008 (2008 IS CODE)

(일반 규정)

2.2 Criteria regarding righting lever curve properties

2.2.1 The area under the righting lever curve (GZ curve) shall not be less than 0.055 metre-radians up to φ = 30° angle of heel and not less than 0.09 metre-radians up to φ = 40° or the angle of down-flooding φ_f if this angle is less than 40°. Additionally, the area under the righting lever curve (GZ curve) between the angles of heel of 30° and 40° or between 30° and φ_f, if this angle is less than 40°, shall not be less than 0.03 metre-radians.

2.2.2 The righting lever GZ shall be at least 0.2 m at an angle of heel equal to or greater than 30°.

2.2.3 The maximum righting lever shall occur at an angle of heel not less than 25°. If this is not practicable, alternative criteria, based on an equivalent level of safety, may be applied subject to the approval of the Administration.

2.2.4 The initial metacentric height GM_0 shall not be less than 0.15 m.

(여객선 규정)

CHAPTER 3 – SPECIAL CRITERIA FOR CERTAIN TYPES OF SHIPS

3.1 Passenger ships

Passenger ships shall comply with the requirements of 2.2 and 2.3.

3.1.1 In addition, the angle of heel on account of crowding of passengers to one side as defined below shall not exceed 10°.

3.1.2 In addition, the angle of heel on account of turning shall not exceed 10° when calculated using the following formula:

$$M_R = 0.200 * \frac{v_0^2}{L_{WL}} * \Delta * \left(KG - \frac{d}{2} \right)$$

where:

M_R = heeling moment (kNm)

v_o = service speed (m/s)

L_{WL} = length of ship at waterline (m)

Δ = displacement (t)

d = mean draught (m)

KG = height of centre of gravity above baseline (m).

(Severe Wind 규정)

2.3 Severe wind and rolling criterion (weather criterion)

2.3.1 The ability of a ship to withstand the combined effects of beam wind and rolling shall be demonstrated, with reference to figure 2.3.1 as follows:

.1 the ship is subjected to a steady wind pressure acting perpendicular to the ship's centreline which results in a steady wind heeling lever (l_{w1});

.2 from the resultant angle of equilibrium (φ_0), the ship is assumed to roll owing to wave action to an angle of roll (φ_1) to windward. The angle of heel under action of steady wind (φ_0) should not exceed 16° or 80% of the angle of deck edge immersion, whichever is less;

.3 the ship is then subjected to a gust wind pressure which results in a gust wind heeling lever (l_{w2}); and

.4 under these circumstances, area *b* shall be equal to or greater than area *a*, as indicated in figure 2.3.1 below:

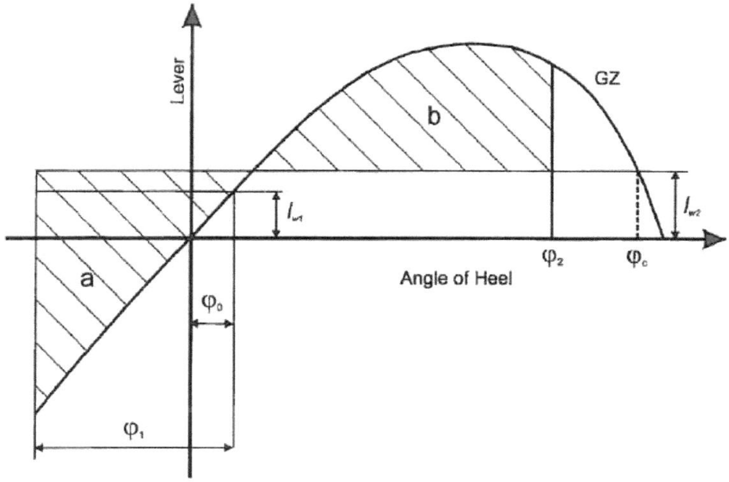

Figure 2.3.1 – Severe wind and rolling

where the angles in figure 2.3.1 are defined as follows:

φ_0 = angle of heel under action of steady wind

φ_1 = angle of roll to windward due to wave action (see 2.3.1.2, 2.3.4)

φ_2 = angle of down-flooding (φ_f) or 50° or φ_c, whichever is less,

where:

φ_f = angle of heel at which openings in the hull, superstructures or deckhouses which cannot be closed weathertight immerse. In applying this criterion, small openings through which progressive flooding cannot take place need not be considered as open

φ_c = angle of second intercept between wind heeling lever l_{w2} and GZ curves.

부록 11 횡요주기로 GM 추정

횡요 주기

저항이 없는 선체 자유 횡요(Free Rolling)시 선체의 횡요 운동 방정식을 도출할수 있다. 즉 복원력이 있는 상태의 선박이 회전 운동시 각 운동방정식 표현하면 아래와 같다. 선박의 횡동요에서는 회전운동의 뉴턴법칙에 의하여,

$$M = I\dot{r} = I\frac{d^2\theta}{dt^2} = -\triangle GZ = -\triangle GM\sin\theta$$

여기서 회전반경(관성반경) 개념을 도입하고,

$$I = \frac{\triangle}{g}k^2$$

소각도임을 감안하면,

$$\sin\theta \approx \theta$$

$$\frac{\triangle}{g}k^2 \cdot \frac{d^2\theta}{dt^2} + \triangle GM \cdot \theta = 0$$

$$\frac{d^2\theta}{dt^2} + \frac{g \cdot GM \cdot \theta}{k^2} = 0$$

이 식은 선형 2차 상미분방정식이며, 단순 조화 진동(Simple Harmonic Motion)의 수학적 모델이다. 이 해는 아래와 같다.

$$\theta(t) = \theta_0 \cdot \sin(\omega t)$$

이를 이용하여,

$$\omega = \frac{2\pi}{T} \text{ 되며,}$$

$$T = \frac{2\pi}{\omega} = 2\pi\sqrt{\frac{k^2}{g \cdot GM}}$$

즉,

$$T \approx 2.01 \times \frac{k}{\sqrt{GM}} \text{ 을 구할 수 있다.}$$

관성반경(회전반경) k는 선박의 선형에 따라 그 값에 차이가 있다. 하지만 대체로 선박의 폭 B에 비례한다. 통상 k 값은 선박 폭의 0.3~0.5배의 값을 유지하는 점을 고려할 때 그 값을 0.4B로 가정한다면, 아래 식이 도출된다.

$$T = \frac{0.802B}{\sqrt{GM}} \text{ (sec)}$$

$$GM = \left(\frac{0.802B}{T}\right)^2$$

횡요주기 T를 계측하면 이 식을 이용하여 간편히 GM 값이 계산된다.

위 식은 결국 선박의 관성반경 값을 특정 값으로 가정하여 도출된 수식이므로, 선박의 관성반경값이 변화하면 주기에 의해 도출된 GM 값에는 오류가 포함될 수 있음을 알아야 한다.

수식에 사용한 용어

- △ : 배수량
- r : 횡요각속도
- k: 관성 반경
- ω: 각 주파수
- I: 선박의 관성모멘트(moment of inertia)
- θ: 횡요 각도 (rad)
- T : 주기

부록 12 새누리호 탱크 유동수 영향

새누리호 No.1 HFOT 탱크내 유동수 영향 계산 예

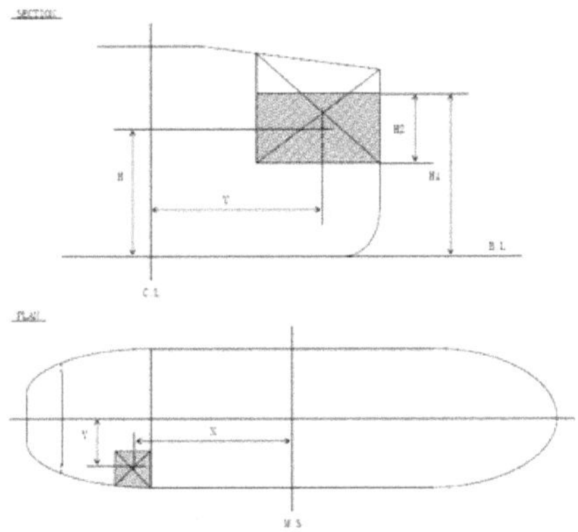

3,500 TON CLASS TRAINING SHIP
NO.1 H.F.O.T(S)
COMP. NO 101

LEVEL	FROM	VOLUME	CENTRE OF GRAVITY FROM			INERTIA
BL	BOTTOM	CUBM	LPP/2	BL	CL	MOMENT
0.175	0.000	0.0				
0.375	0.200	1.86	3.445	0.308	3.362	8.
0.575	0.400	6.88	3.380	0.435	3.950	31.
0.775	0.600	13.00	3.358	0.549	4.205	43.
0.975	0.800	19.69	3.355	0.660	4.360	53.
1.175	1.000	26.77	3.356	0.770	4.472	61.
1.375	1.200	34.16	3.358	0.879	4.559	69.
1.575	1.400	41.80	3.361	0.988	4.631	75.
1.775	1.600	49.63	3.364	1.097	4.691	80.
1.975	1.800	57.63	3.367	1.205	4.743	84.
2.175	2.000	63.44	3.450	1.284	4.802	63.
2.375	2.200	69.01	3.531	1.364	4.857	65.
2.575	2.400	74.66	3.601	1.448	4.906	67.
2.775	2.600	80.37	3.662	1.535	4.951	68.
2.975	2.800	86.11	3.715	1.625	4.991	68.
3.175	3.000	91.87	3.762	1.716	5.026	69.
3.375	3.200	97.64	3.804	1.808	5.058	69.

부록 13 Load Line Zone

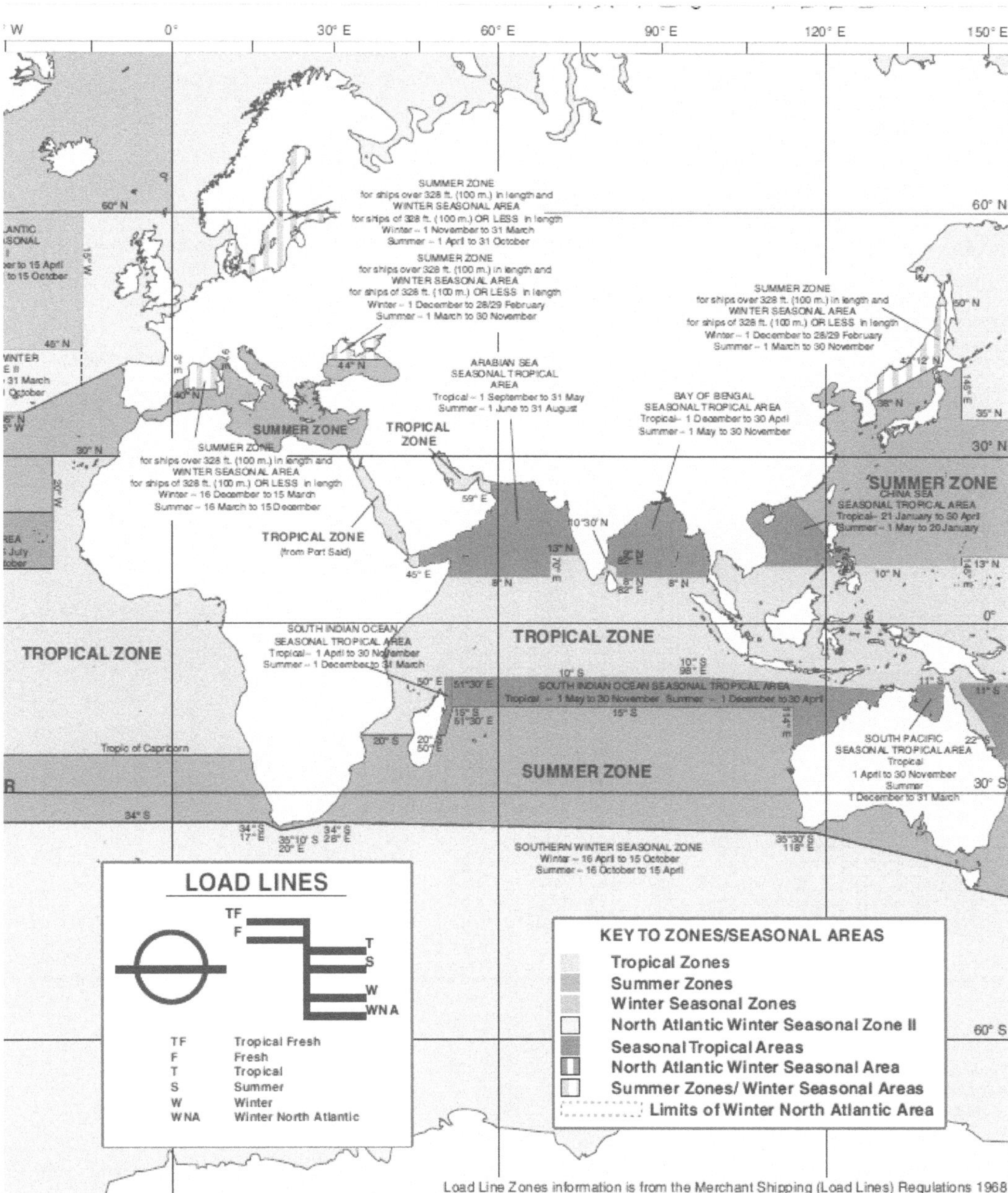

부록 14 새누리호 Loading Computer

실습선 세계로호 로딩 컴퓨터 - 초기 화면

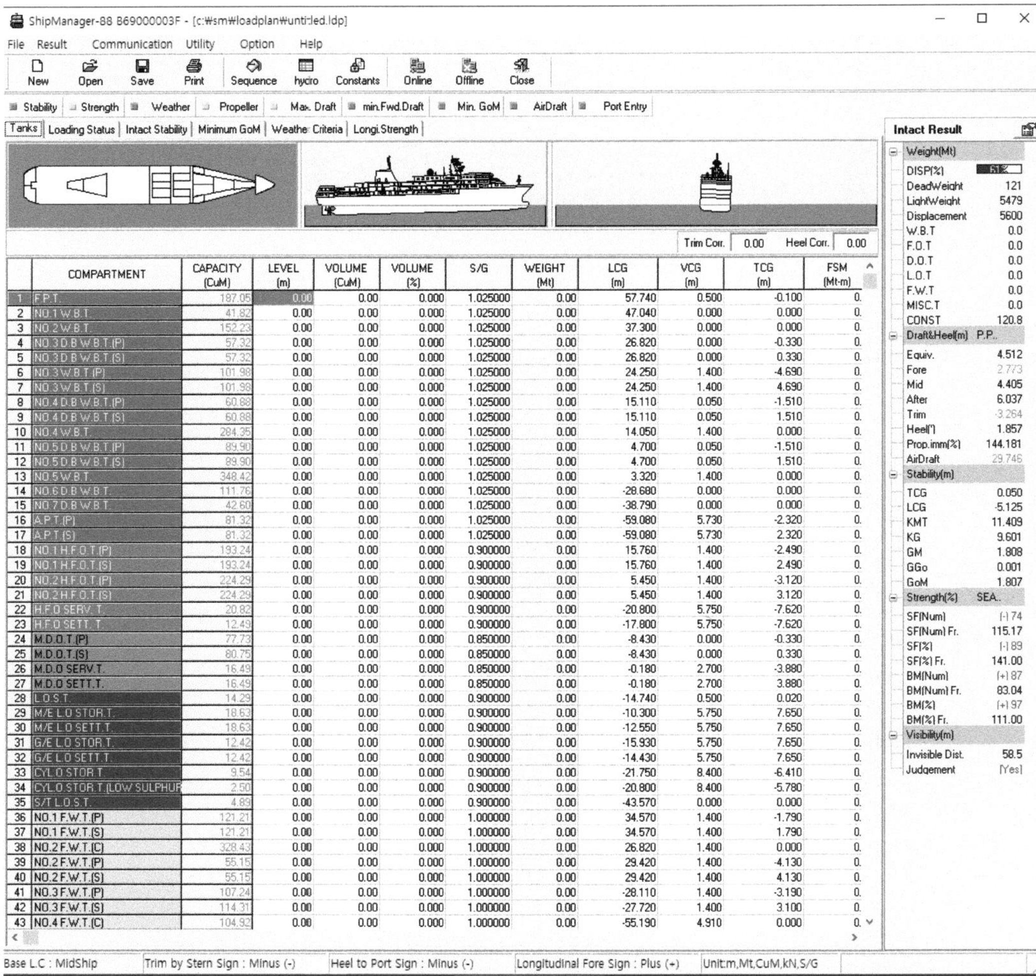

	COMPARTMENT	CAPACITY (CuM)	LEVEL (m)	VOLUME (CuM)	VOLUME (%)	S/G	WEIGHT (Mt)	LCG (m)	VCG (m)	TCG (m)	FSM (Mt-m)
1	F.P.T.	187.05	0.00	0.00	0.000	1.025000	0.00	57.740	0.500	-0.100	0.
2	NO.1 W.B.T.	41.82	0.00	0.00	0.000	1.025000	0.00	47.040	0.000	0.000	0.
3	NO.2 W.B.T.	152.23	0.00	0.00	0.000	1.025000	0.00	37.300	0.000	0.000	0.
4	NO.3 D.B W.B.T.(P)	57.32	0.00	0.00	0.000	1.025000	0.00	26.820	0.000	-0.330	0.
5	NO.3 D.B W.B.T.(S)	57.32	0.00	0.00	0.000	1.025000	0.00	26.820	0.000	0.330	0.
6	NO.3 W.B.T.(P)	101.98	0.00	0.00	0.000	1.025000	0.00	24.250	1.400	-4.690	0.
7	NO.3 W.B.T.(S)	101.98	0.00	0.00	0.000	1.025000	0.00	24.250	1.400	4.690	0.
8	NO.4 D.B W.B.T.(P)	60.88	0.00	0.00	0.000	1.025000	0.00	15.110	0.050	-1.510	0.
9	NO.4 D.B W.B.T.(S)	60.88	0.00	0.00	0.000	1.025000	0.00	15.110	0.050	1.510	0.
10	NO.4 W.B.T.	284.35	0.00	0.00	0.000	1.025000	0.00	14.050	1.400	0.000	0.
11	NO.5 D.B W.B.T.(P)	89.90	0.00	0.00	0.000	1.025000	0.00	4.700	0.050	-1.510	0.
12	NO.5 D.B W.B.T.(S)	89.90	0.00	0.00	0.000	1.025000	0.00	4.700	0.050	1.510	0.
13	NO.5 W.B.T.	348.42	0.00	0.00	0.000	1.025000	0.00	3.320	1.400	0.000	0.
14	NO.6 D.B W.B.T.	111.76	0.00	0.00	0.000	1.025000	0.00	-28.680	0.000	0.000	0.
15	NO.7 D.B W.B.T.	42.60	0.00	0.00	0.000	1.025000	0.00	-38.790	0.000	0.000	0.
16	A.P.T.(P)	81.32	0.00	0.00	0.000	1.025000	0.00	-59.080	5.730	-2.320	0.
17	A.P.T.(S)	81.32	0.00	0.00	0.000	1.025000	0.00	-59.080	5.730	2.320	0.
18	NO.1 H.F.O.T.(P)	193.24	0.00	0.00	0.000	0.900000	0.00	15.760	1.400	-2.490	0.
19	NO.1 H.F.O.T.(S)	193.24	0.00	0.00	0.000	0.900000	0.00	15.760	1.400	2.490	0.
20	NO.2 H.F.O.T.(P)	224.29	0.00	0.00	0.000	0.900000	0.00	5.450	1.400	-3.120	0.
21	NO.2 H.F.O.T.(S)	224.29	0.00	0.00	0.000	0.900000	0.00	5.450	1.400	3.120	0.
22	H.F.O SERV. T.	20.82	0.00	0.00	0.000	0.900000	0.00	-20.800	5.750	-7.620	0.
23	H.F.O SETT. T.	12.49	0.00	0.00	0.000	0.900000	0.00	-17.800	5.750	-7.620	0.
24	M.D.O.T.(P)	77.73	0.00	0.00	0.000	0.850000	0.00	-8.430	0.000	-0.330	0.
25	M.D.O.T.(S)	80.75	0.00	0.00	0.000	0.850000	0.00	-8.430	0.000	0.330	0.
26	M.D.O SERV.T.	16.49	0.00	0.00	0.000	0.850000	0.00	-0.180	2.700	-3.880	0.
27	M.D.O SETT.T.	16.49	0.00	0.00	0.000	0.850000	0.00	-0.180	2.700	3.880	0.
28	L.O.S.T.	14.29	0.00	0.00	0.000	0.900000	0.00	-14.740	0.500	0.020	0.
29	M/E L.O STOR.T.	18.63	0.00	0.00	0.000	0.900000	0.00	-10.300	5.750	7.650	0.
30	M/E L.O SETT.T.	18.63	0.00	0.00	0.000	0.900000	0.00	-12.550	5.750	7.650	0.
31	G/E L.O STOR.T.	12.42	0.00	0.00	0.000	0.900000	0.00	-15.930	5.750	7.650	0.
32	G/E L.O SETT.T.	12.42	0.00	0.00	0.000	0.900000	0.00	-14.430	5.750	7.650	0.
33	CYL.O STOR.T.	9.54	0.00	0.00	0.000	0.900000	0.00	-21.750	8.400	-6.410	0.
34	CYL.O STOR.T.(LOW SULPHUR	2.50	0.00	0.00	0.000	0.900000	0.00	-20.800	8.400	-5.780	0.
35	S/T L.O.S.T.	4.89	0.00	0.00	0.000	0.900000	0.00	-43.570	0.000	0.000	0.
36	NO.1 F.W.T.(P)	121.21	0.00	0.00	0.000	1.000000	0.00	34.570	1.400	-1.790	0.
37	NO.1 F.W.T.(S)	121.21	0.00	0.00	0.000	1.000000	0.00	34.570	1.400	1.790	0.
38	NO.2 F.W.T.(C)	328.43	0.00	0.00	0.000	1.000000	0.00	26.820	1.400	0.000	0.
39	NO.2 F.W.T.(P)	55.15	0.00	0.00	0.000	1.000000	0.00	29.420	1.400	-4.130	0.
40	NO.2 F.W.T.(S)	55.15	0.00	0.00	0.000	1.000000	0.00	29.420	1.400	4.130	0.
41	NO.3 F.W.T.(P)	107.24	0.00	0.00	0.000	1.000000	0.00	-28.110	1.400	-3.190	0.
42	NO.3 F.W.T.(S)	114.31	0.00	0.00	0.000	1.000000	0.00	-27.720	1.400	3.100	0.
43	NO.4 F.W.T.(C)	104.92	0.00	0.00	0.000	1.000000	0.00	-55.190	4.910	0.000	0.

실습선 세계로호 로딩 컴퓨터 - 적재 상황 화면

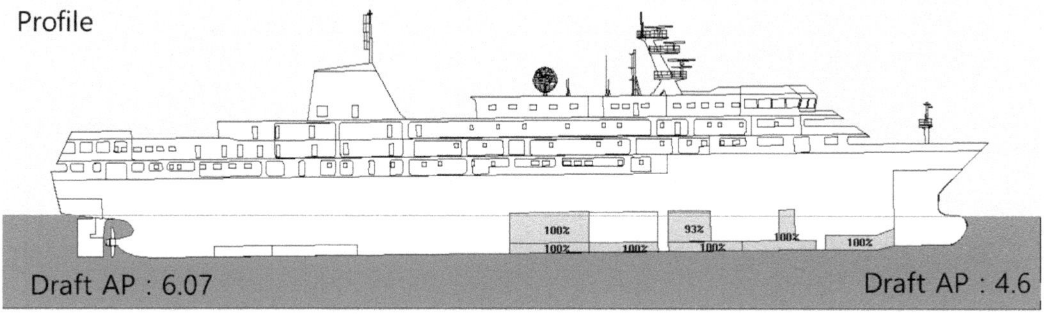

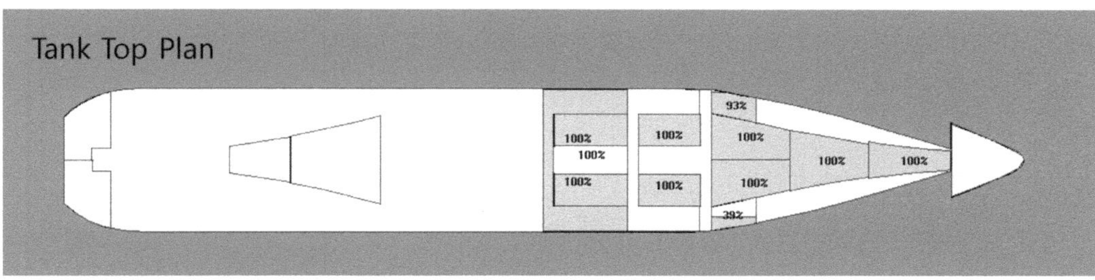

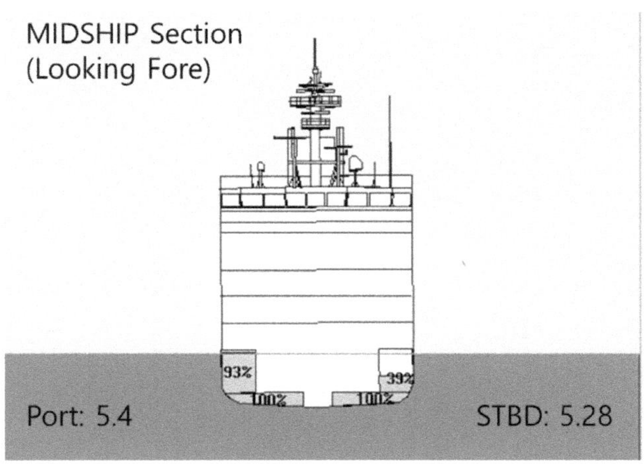

실습선 세계로호 로딩 컴퓨터 - intact stability

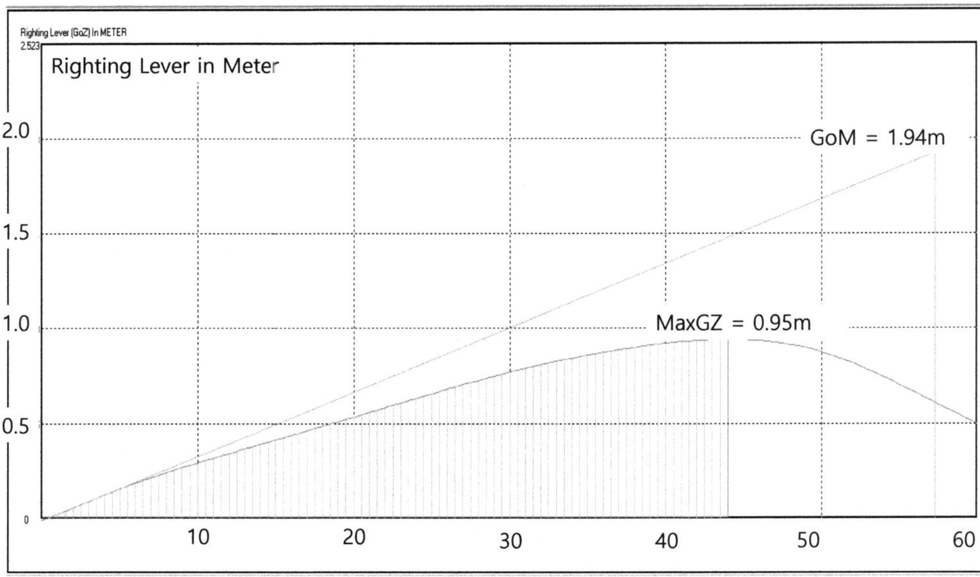

실습선 세계로호 로딩 컴퓨터 - Weather Criteria

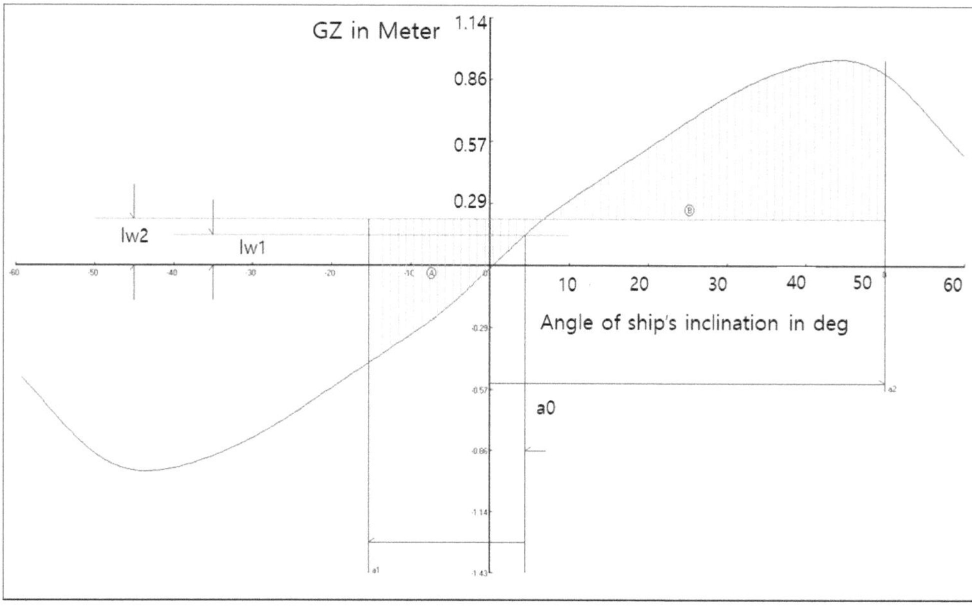

2008 IS CODE Pt.A ch.2.3	AVAILABLE	REQUIRED	CHK
LW1	0.141 m		
LW2	0.211 m		
Angle(0)	4.431 deg	< 16.0deg.	YES
Angle(1)	19.777 deg		
Angle(2)	50.000 deg		
Angle(LW2<->GZ)	6.701 deg		
Area(a)	0.155 m-rad		
Area(b)	0.356 m-rad		
Area(b)/Area(a)	2.303	>= 1	YES
Rolling Period(Sec.)	11.128 sec		

실습선 세계로호 로딩 컴퓨터 - Damage Stability(Min GoM)

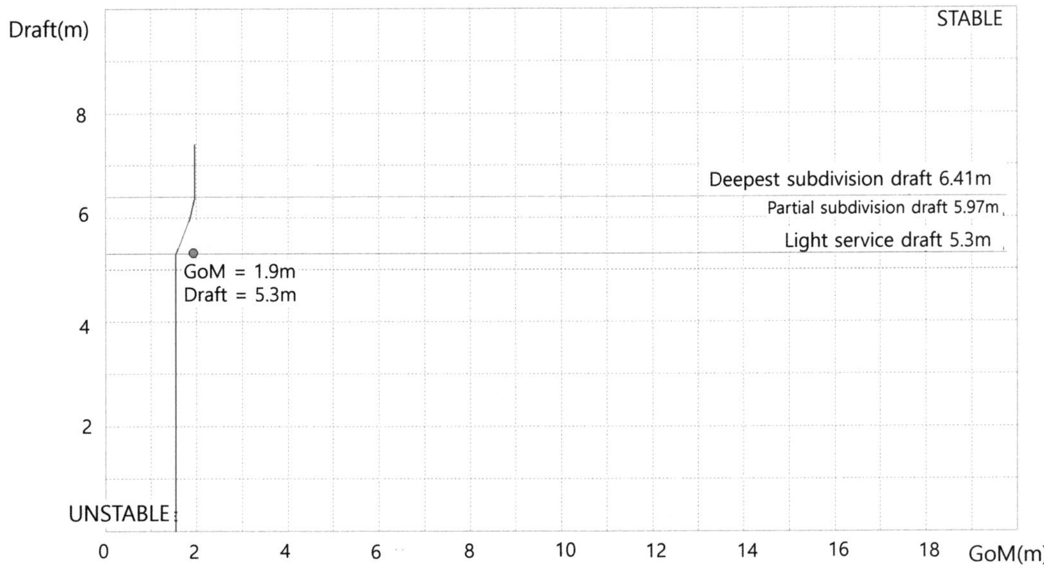

찾아보기

임 남균 목포해양대 교수
1992년 한국해양대 항해학과
1999년 한국해양대 해사수송 대학원석사
2002년 일본 Osaka 대학 선박해양공학과 박사
2002년-2005년 삼성중공업 대덕연구센터 책임연구원
2005년-현재 목포해양대 항해학부 교수
중앙해양심판원 심판변론인,비상임심판관
한국항해항만학회, 해양환경안전학회, 한국지능시스템학회 이사
IHO MASS PT 부의장

선박 적화 복원성

2026년 1월 10일 인쇄 발행

저 자 임남균
발 행 인 송기수
발 행 처 도서출판 GS인터비전
편 집 처 도서출판 GS인터비전
편 집 인 송진우
표지디자인 디자인붐
인 쇄 처 트윈벨미디어
등록번호 제 25100-2016-000050호
I S B N 979-11-5576-521-0(93550)

주 소 서울 은평구 증산로 15길 69, 2층
전 화 02-976-7898, 02-3272-7898.
팩 스 02-6468-7898
홈페이지 gsintervision.kr
E-Mail gsinter7@gmail.com

정 가 23,000원